Mayrhofer/Steyrer (Hrsg.)

Karriereach…

Wolfgang Mayrhofer
Johannes Steyrer
(Hrsg.)

Karriereachterbahn

Was unsere Berufswege wirklich beeinflusst

Linde
international

Bibliografische Information der Deutschen Nationalbibliothek
Die Deutsche Nationalbibliothek verzeichnet diese Publikation in der Deutschen Nationalbibliografie; detaillierte bibliografische Daten sind im Internet über http://dnb.d-nb.de abrufbar.

Hinweis: Aus Gründen der leichteren Lesbarkeit wird auf eine geschlechtsspezifische Differenzierung verzichtet. Entsprechende Begriffe gelten im Sinne der Gleichbehandlung für alle Geschlechter.

ISBN 978-3-7093-0704-5 (Print)
ISBN 978-3-7094-1289-3 (E-Book-PDF)
ISBN 978-3-7094-1288-6 (E-Book-ePub)

1210 Wien, Scheydgasse 24, Tel.: 01/24 630
www.lindeverlag.at

Satz: Linde Verlag Ges.m.b.H., Wien 2023

Druck: Hans Jentzsch & Co GmbH
1210 Wien, Scheydgasse 31
Dieses Buch wurde in Österreich hergestellt.

Gedruckt nach der Richtlinie des Österreichischen Umweltzeichens „Druckerzeugnisse", Druckerei Hans Jentzsch & Co GmbH, UW-Nr. 790

202223002
PRINTED IN AUSTRIA

Inhalt

Vorwort

Wenn zehn Menschen gemeinsam und intensiv an einem Buch schreiben, dann ist das schon für sich ein kühnes Unterfangen. Wenn sie darüber hinaus im wissenschaftlichen System arbeiten, starke Charaktere sind, höchst unterschiedliche Lebens- und Berufsalter aufweisen und weit auseinanderliegende Zugänge zum Schreiben haben, dann grenzt ein solches Vorhaben an Tollkühnheit. Wir – die Herausgeber und die Autorinnen und Autoren – wussten das und haben trotzdem angefangen; das Endprodukt halten Sie in Ihren Händen.

War es für uns ein inhaltlich und sozial lehrreicher Prozess? Jedenfalls. Es ist für uns immer wieder erstaunlich, was das Zusammentragen von Einsichten, die Debatte darüber und das oftmalige Kneten von Texten bewirken und wie Gutes sich so zu Besserem wandeln kann. Auch haben wir bei uns selbst und bei anderen Seiten entdeckt, die wir so bisher nicht kannten oder allenfalls erahnten. Der intensive Entstehungsprozess des Buches war damit auch ein ausgeprägter persönlicher und kollektiver Entwicklungsimpuls.

Für manche von uns ist der vorliegende Band Teil ihres akademischen Erbes und markiert ein fast schon finales Ausrufezeichen. Für andere ist es Teil ihrer Anstrengungen, im akademischen System und in der Welt der Praxis noch mehr als bisher oder erstmals Fuß zu fassen. Vereint sind wir im Bestreben, durch unsere akademische Arbeit die Welt zu einem besseren Platz zu machen.

Wie dieses Bessere konkret aussieht, darüber haben wir sehr unterschiedliche Vorstellungen. Aber bei aller Unterschiedlichkeit existiert eine Schnittmenge: die Überzeugung, dass Karrieren wichtig sind und fundiertes Wissen darüber ein zentraler Baustein dafür ist, überzufällig gute Entscheidungen treffen zu können. Das war der Nährboden, auf dem dieses Buch gewachsen ist. Ob die Frucht nur gut aussieht oder tatsächlich auch schmeckt, entscheiden natürlich Sie.

Präludium

Das Anliegen dieses Buches ist einfach: Gestützt auf bewährte Theorien und robuste empirische Befunde arbeiten wir heraus, welche Faktoren Karrieren beeinflussen. Wir ersetzen damit Meinungen, die sich häufig aus dem unseligen Mix von Einzelerfahrung und überstrapaziertem Hausverstand speisen, durch fundierte Argumente.

Zu diesem Zweck widmen wir uns zunächst der Konstruktionslogik der Achterbahn. Wir beschreiben zentrale Perspektiven – zeitlich, räumlich, ontisch – auf Karrieren, weisen auf Karriereübergänge und ihre Richtung hin und unterscheiden zwischen objektiver und subjektiver Karriere (Kap. 1). Das Ergebnis von Karrieren – der Karriereerfolg – hat sieben weltweit angewandte Dimensionen sowie eine objektive und eine subjektive Komponente (Kap. 2).

Viele Faktoren beeinflussen unsere Fahrt auf der Achterbahn. Die Achterbahn-Metapher ermöglicht das intuitive Erfassen von Karrieren; die Anatomie der Karriere zeigt zentrale Bezugspunkte auf; das Zwiebelmodell verdeutlicht Vielschichtigkeit und wechselseitigen Bezug der Einflussfaktoren (Kap. 3). Eine Metaanalyse fasst Letztere basierend auf dem derzeitigen empirischen Wissensstand überblicksartig in einem Erfolgsfaktorenmodell zusammen (Kap. 4).

Dem Überblick fehlt es allerdings zwangsläufig an Tiefenschärfe. Daher sehen wir uns bedeutsame Einflussfaktoren im Detail an und stellen den Kontext von Karrieren der letzten fünf Jahrzehnte vor (Kap. 5). Anschließend liegt der Fokus auf Persönlichkeit, Mikropolitik, sozialer Herkunft und Geschlecht sowie auf der Bedeutung von Krisen und Digitalisierung (Kap. 6–11). Wir schließen mit einem Ausblick (Kap. 12).

Sie können die gesamte Achterbahnfahrt genießen und das Buch von vorne bis hinten lesen. Das Buch ist jedoch so konzipiert, dass Sie auch unmittelbar dort in die Achterbahn einsteigen können, wo es Ihnen spontan am meisten zusagt. Am Schluss Ihrer Fahrt werden Sie Ihre persönlichen Highlights in Form von Schnappschüssen eingesammelt haben – Anregungen dazu gibt es am Ende jedes Kapitels.

In diesem Sinne: Gute Fahrt auf der Karriereachterbahn!

Kapitel 1:

Nicht nur nach oben. Perspektiven auf Karrieren

Wolfgang Mayrhofer/Dominik Zellhofer

Sprache deckt auf. Das gilt auch für Karriere. Achtet man bewusst darauf, wie über Karrieren im Alltag, in Rundfunk, Presse und Fernsehen, im Internet etc. gesprochen und geschrieben wird, erkennen wir: Sehr häufig ist es eine Mischung aus eindimensionalem Erfolgsverständnis – Aufstieg! Geld! Karriereleiter! – und leicht geheimnisumwitterten, auf die Einzelnen abzielenden Rezepturen für den Erfolg – Netzwerke! Soziale Kompetenz! Resilienz! Dazu kommt noch mehr als nur ein Hauch Exklusivität: Viele wollen Karriereerfolg, aber nicht alle erreichen ihn.

Uns zeigt das zunächst vor allem eines: Karriere lässt kaum jemanden kalt. Sie ist vielfältig und insbesondere für die Ehrgeizigen unter uns attraktiv. Auch haben die meisten darüber eine auf Halbwissen, Einzelbeispiele und den berühmt-berüchtigten Hausverstand gestützte persönliche Meinung.

In diesem Buch gehen wir darüber hinaus. Unser Ausgangspunkt: „Karriere" ist nicht exklusiv den Reichen und Schönen vorbehalten. *Alle* in Erwerbsarbeit haben Karrieren, also unsere ganz eigenen beruflichen Wege. Wir werden auf Basis fundierter Forschung darlegen, wie ein differenzierteres Verständnis von Karriere aussehen kann, warum angesichts durchaus vielfältiger Erfolgsdimensionen von Karriere die Fokussierung auf „Geld" und „Aufstieg" alleine viel zu kurz greift und welche Faktoren für unseren Berufsverlauf, also Karrieren und Karriereerfolg, besonders wichtig sind. Damit wollen wir „Meinungen" zu Leibe rücken und sie durch theoretisch und empirisch begründete Positionen ersetzen. „Das sehe ich anders!" ist der Offenbarungseid in jedem vernünftigen Diskurs, wenn nicht unmittelbar darauf ein theoretisch und empirisch gestütztes „Weil" folgt. Material für solche Begründungen und die Reflexion eigener und fremder Karrieren stellen wir in diesem Buch bereit.

Blicke auf Karrieren

Angela Merkel, erste Bundeskanzlerin in Deutschland und eine über die nationalen Grenzen hinaus bekannte öffentliche Person, hat eine durchaus facettenreiche Karriere. Die in der ehemaligen DDR aufgewachsene Pastorentochter und 1986 an der Ost-Berliner Akademie der Wissenschaften promovierte Physikerin engagiert sich politisch während der Umwälzungen Ende der 1980er-Jahre im „Demokratischen Aufbruch" und nach der Wende in der CDU. Ihr politischer Ziehvater Helmut Kohl holt sie 1990 zunächst als Familien- und später als Umweltministerin in die Regierung. 1998 wird sie CDU-Generalsekretärin, 2000 dann CDU-Vorsitzende und schließlich von 2005 bis 2021 Bundeskanzlerin. Über die Grenzen Deutschlands hinaus macht sie sich einen Namen als geschickte Verhandlerin mit Suche nach breitem Konsens. Untrennbar mit ihrem Namen verbunden sind etwa ihre als „Merkel-Raute" bezeichnete typische Handhaltung oder das entschlossene „Wir schaffen das!" im Rahmen des Zustroms geflüchteter Menschen nach Europa 2015/16.[1]

[1] Frauen in Politik und Medien sind eine eigene Geschichte, wie etwa Koch 2007 überzeugend darlegt.

Am Beispiel von Angela Merkel illustrieren wir die drei für einen umfassenden Blick auf Karrieren erforderlichen Brillen – zeitlich, räumlich und ontisch. Sie stammen aus dem Social Chronology Framework (SCF), einem neu entwickelten konzeptionellen Rahmen für das Verständnis von Karrieren.[2]

Die zeitliche Brille eröffnet uns, wenig überraschend, die *Perspektive der Zeit.* Karriere braucht Zeit, sich zu entwickeln, und ihre Beurteilung ist ohne Kenntnis ihrer Chronologie kaum möglich. Bei Angela Merkel zeigt diese Perspektive z. B. die vergleichsweise lange Kanzlerinnenschaft oder die Abfolge „Ministerin – Generalsekretärin – Parteivorsitzende – Oppositionsführerin – Kanzlerin“. Die zeitliche Perspektive macht auch deutlich, dass unsere beruflichen Wege nicht gleichförmig verlaufen. Vielmehr sind sie in Episoden gegliedert. Das sind zeitliche Abschnitte unserer Karrieren mit einem zentralen Thema, die sich von anderen Episoden deutlich unterschieden, bei Merkel etwa Oppositionszeit vs. Regierungszeit.

Die räumliche Brille richtet unsere Aufmerksamkeit auf die *Perspektive des sozialen und geografischen Raums*, in dem unsere Berufswege angesiedelt sind. Hier wechseln wir zwischen Positionen. Angela Merkel wechselt beispielsweise von ihrer Position als Kulturfunktionärin der Freien Deutschen Jugend an der Akademie der Wissenschaften in Ost-Berlin zur Pressesprecherin beim Demokratischen Aufbruch. Damit entstehen Positionsketten. Der soziale und geografische Raum ist von anderen Menschen, Gruppen und Organisationen bevölkert, die untereinander und mit uns in Beziehung stehen. Diese sind wichtig für unsere Karriere. So gäbe es wohl ohne Helmut Kohl und die CDU keine Angela Merkel als Familienministerin im Jahr 1990. Auch ist der soziale und geografische Raum voll von formalen und informalen Grenzen und damit verbundenen offenen und verborgenen Normen und Regeln. Als Frau und aus den neuen Bundesländern kommend einen Aufstieg in der CDU hinzulegen war in Wendezeiten sowohl ungewöhnlich als auch unwahrscheinlich.

Eine ontische[3] Brille schließlich eröffnet uns die *Perspektive des Seins.* Sie erfasst alle Zustände derjenigen mit Karrieren. „Zustände“ ist hier ein Sam-

---

2 S. dazu ausführlicher Gunz und Mayrhofer 2018; Latzke, Schneidhofer, Mayrhofer und Pernkopf 2019.

3 „Ontisch" – ein etwas sperriger Begriff aus der Philosophie von Martin Heidegger – bezeichnet im Kern den Versuch, die Fakten über Einheiten im Rahmen der positiven Wissenschaften zu erkennen; Heidegger 1967.

melbegriff für die verschiedensten Aspekte der Person: Persönlichkeitseigenschaften, Aussehen, Titel, Einkommen, Funktion, Ruf etc. Am Beispiel von Angela Merkel erfassen wir mit dieser Perspektive z. B. ihren Ruf als „Mutti" der Nation, ihren Jahresverdienst von am Ende ihrer Amtszeit rd. 420.000 Euro brutto oder ihr konfliktminimierendes und eher ausgleichendes Führungsverhalten. Wichtig: Die Bedeutung der so in den Blick genommenen Aspekte ergibt sich erst aus dem sozialen Vergleich. Sind die 420.000 Euro Jahreseinkommen viel oder wenig? Nun, gemessen am Durchschnittsjahreseinkommen abhängig Beschäftigter in Deutschland von etwas mehr als 37.000 Euro ist das mehr als das Zehnfache; verglichen mit den rd. 10 Millionen Euro von Frank Appel als Vorstandschef der Deutschen Post nimmt sich das nicht mehr ganz so beeindruckend aus. In dieser Dimension ist damit der Ego-Alter-Vergleich zentral: Ich vergleiche mich mit einer tatsächlichen oder fiktiven Bezugsperson, Referenzgruppe oder „der Welt".

Karriereübergänge und ihre Richtung

Wir haben darauf hingewiesen, dass Karrieren sich aus Positionen und ihrer Verkettung entwickeln. Die Übergänge (auch: Transitionen) zwischen den Positionen bilden damit den Dreh- und Angelpunkt der Bewegung im sozialen und geografischen Raum. Das führt zu einer Anschlussfrage: Welche grundsätzlichen Bewegungsrichtungen lassen sich bei solchen Übergängen identifizieren?

Edgar Schein, emeritierter Professor am US-amerikanischen Massachusetts Institute of Technology (MIT) und Mitbegründer der modernen Karriereforschung, benennt drei zentrale, miteinander kombinierbare Bewegungsrichtungen. Die *vertikale* Dimension zeigt eine Veränderung in der formalen oder informalen Hierarchie an. Sie bedeutet Aufstieg oder seltener, aber durchaus freiwillig oder unfreiwillig vorkommend, Abstieg. Bewegungen auf der *horizontalen* Dimension verändern den fachlichen Zuständigkeitsbereich auf gleicher Hierarchiestufe, etwa durch Wechsel in eine vergleichbare Position eines anderen Unternehmensbereichs, beispielsweise der Wechsel von der Position als Verkaufsleiterin in Deutschland zur gleichen Position in der französischen Landesgesellschaft. Die *zentripetale* Dimension schließlich erfasst Veränderungen hin zu oder weg vom organisationalen Kern. Die erstmalige Einladung zum informellen Abendessen mit der CEO, die Annahme der Position als Zentralbetriebsratsvorsitzende oder die Wahl zur Kapitänin einer Landhockey-Mannschaft mit entsprechender Nähe zum Vereinsvorstand sind Beispiele. Damit ergeben sich Bewegungen in einem dreidimensionalen Raum (Abbildung 1).

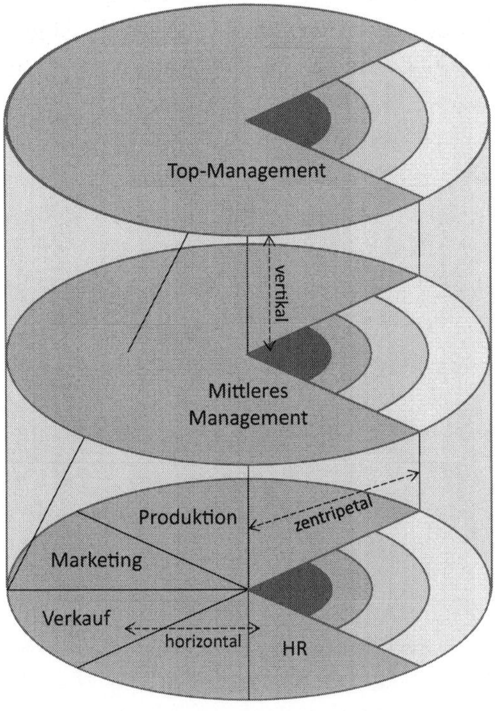

Abbildung 1: Bewegungsrichtungen bei Karriereübergängen

Die Bewegungsrichtungen von Karriereübergängen gelten nicht nur innerhalb oder zwischen Organisationen, sondern auch für Veränderungen in einem Berufsfeld.[4] So hat etwa Harvey Weinstein, einst gefeiert-gefürchteter Filmmogul in Hollywood, nach Auftauchen erster Anklagen wegen sexuellen Missbrauchs rasch einen Abstieg im beruflichen Feld hinnehmen und es als verurteilter Sexualstraftäter schließlich ganz verlassen müssen.

4 Iellatchitch, Mayrhofer und Meyer 2003.

Objektive und subjektive Karriere

Bis jetzt haben wir stillschweigend Karriere mit der objektiven Karriere gleichgesetzt. Diese umfasst die grundsätzlich allen zugänglichen, sichtbaren Aspekte unserer beruflichen Wege, also etwa unsere Jobs, die damit verbundenen Aufgaben und unsere nachweisbaren Qualifikationen. In Lebensläufen stellen wir diese objektive Karriere mehr oder weniger geschickt zur Schau. Dass diese Positionen und die damit verbundenen Attribute nicht alle gleichwertig, sondern gesellschaftlich unterschiedlich bewertet sind, versteht sich von selbst. Wer sagt, sie sei ausschließlich Hausfrau und Mutter, erhält andere Zuschreibungen als eine kinderlos vollzeitlich berufstätige Frau und nochmals andere, wenn sie Mutter und Vollzeitberufstätigkeit anführt.

Die objektive, äußerlich sichtbare Karriere ist aber nur eine Seite der Medaille. Die subjektive Karriere ist die andere. Der Soziologe Everett C. Hughes, einer der Pioniere der Karriereforschung, hat sehr früh darauf hingewiesen, dass es neben der objektiven auch eine subjektive Komponente der Karriere gibt.[5] Sie stellt auf das persönliche Erleben ab, das Menschen mit ihrer objektiven Karriere verbinden. Hier geht es um Gefühle und persönliche Bewertungen dessen, was wir beruflich erleben. Objektive und subjektive Karrieren sind nicht voneinander unabhängig, aber verlaufen in ihrer Beurteilung bei weitem nicht parallel.

SCHNAPPSCHÜSSE AUS DER ACHTERBAHN: PERSPEKTIVEN AUF KARRIEREN

Wir brauchen drei Perspektiven für einen umfassenden Blick auf Karriere: Zeit, sozialer und geografischer Raum sowie Sein.

→ Wie sehr berücksichtige ich alle drei Dimensionen, wenn ich über meine Karriere nachdenke? Was lasse ich tendenziell außer Acht?

→ Ergeben sich für mich neue Einsichten, wenn ich alle drei Dimensionen systematisch miteinander verknüpfe?

5 „[Subjective careers are] the moving perspective in which the person sees his life as a whole and interprets the meaning of his various attributes, actions and the things which happen to him" (Hughes, 1937: 409 f.).

Karrierebewegungen können vertikal, horizontal oder zentripetal sein.

→ In welche Richtung(en) hat sich meine Karriere in letzter Zeit bewegt? Warum (nicht)?
→ In welche Richtung(en) soll mein nächster Karriereschritt gehen? Warum?

Unsere Karriere setzt sich zusammen aus der objektiven und aus der subjektiven Karriere.

→ Wie verlaufen objektive und subjektive Karriere bei mir? Warum?
→ Gibt es hier eine Spannung? Wenn ja, wie will ich damit umgehen?

Wenn wir über Karrieren sprechen, schwingt meist auch der Begriff Karriereerfolg in seiner objektiven und subjektiven Variante mit. Das nächste Kapitel (Kap. 2) zeigt wichtige Zugänge zu diesem Thema.

Kapitel 2:

Warum fahre ich überhaupt mit? Karriereerfolg und seine Dimensionen

Wolfgang Mayrhofer/Dominik Zellhofer

„Erfolg“ braucht immer einen Maßstab. Fakten allein sagen uns nichts darüber, wie wir diese Fakten bewerten sollen. Wir kennen das aus unserem Alltag. Das Faktum ist eindeutig: Unser Sohn hat ein „Genügend“ auf die Mathe-Schularbeit erhalten. Ist das ein Erfolg? Sollte er die letzten drei Schularbeiten mit „Nicht genügend“ abgeschlossen haben, wohl eher schon; kämpft er um einen guten Notenschnitt, eher nicht. Auch die Einschätzung von Karriereerfolg braucht Maßstäbe, wie die sieben Dimensionen von Karriereerfolg und die Unterscheidung zwischen objektivem und subjektivem Karriereerfolg zeigen.

Sieben Dimensionen des Karriereerfolgs

Analysen des internationalen Forschungsnetzwerkes 5C (Cross-Cultural Collaboration on Contemporary Careers, www.5C.careers; s. Anhang) belegen nachdrücklich: Menschen differenzieren Karriereerfolg nach sieben Dimensionen in drei Bereichen – Wachstum, Lebensgestaltung und materieller Output (Abbildung 2).[6]

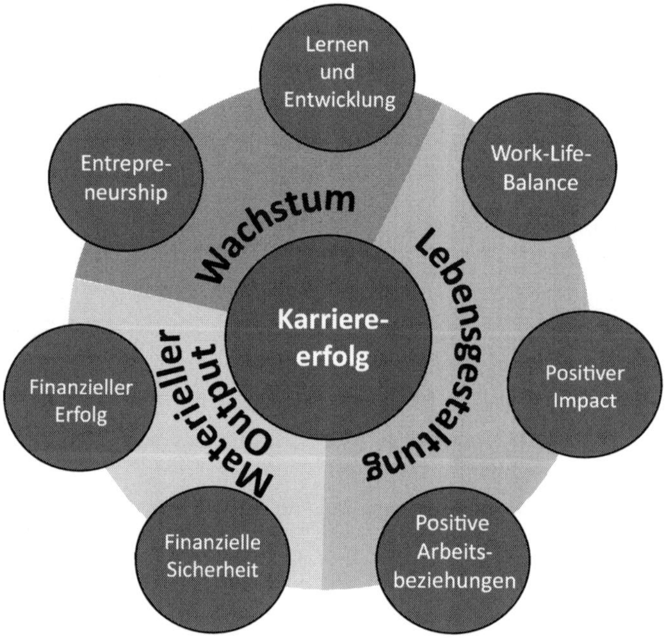

Abbildung 2: Dimensionen des Karriereerfolgs in drei Bereichen

Lernen und Entwicklung bezieht sich auf Aspekte unseres persönlichen Wachstums. Dazu gehört z. B. die Stärkung des eigenen Qualifikationsportfolios oder der Aufstieg in der formellen und informellen Hierarchie. *Entrepreneurship* betont das Gründen und Führen von Unternehmen. *Work-Life-Balance* spricht an, wie sehr wir in der Lage sind, die verschiedenen Bereiche

6 Hier sind insbesondere zu nennen: Briscoe, Hall und Mayrhofer 2012; Mayrhofer, Briscoe, Hall, Dickmann, Dries, Dysvik, Kaše, Parry und Unite 2016.

unseres Lebens befriedigend zu integrieren. Balance meint dabei die Möglichkeit, auf Basis eigener Leitvorstellungen unsere verschiedenen Lebensbereiche jeweils anlass- und entwicklungsbezogen zu bedienen, also etwa in bestimmten Lebensphasen weniger Gewicht auf berufliches Engagement zu legen. *Positiver Impact* umfasst die Auswirkungen unseres beruflichen Tuns jenseits der unmittelbaren Aufgabenerfüllung in Richtung eines darüber hinausgehenden Beitrags, etwa zum Gemeinwohl. *Positive Arbeitsbeziehungen* spricht unser Grundbedürfnis nach menschlicher Nähe, Freundschaft am Arbeitsplatz, Freude in Beziehungen u.ä. an. *Finanzielle Sicherheit* reflektiert das Basisbedürfnis, in Sicherheit zu leben. Dazu braucht es in modernen Gesellschaften ganz wesentlich einen Grundstock an finanziellen Mitteln, in der Regel aus Erwerbsarbeit. *Finanzieller Erfolg* geht darüber hinaus. Ist finanzielle Sicherheit das Brot zum Überleben, so bezieht sich diese Dimension auf Butter plus Belag. Beispiel ist etwa finanzieller Wohlstand.

Die sieben Dimensionen dienen Menschen unterschiedlichen Alters, aus allen Kulturkreisen der Welt und in unterschiedlichen Berufsgruppen zur Einschätzung ihres Karriereerfolgs (die 5C-Website stellt dazu eine interaktive Landkarte mit einzelnen Länderwerten bereit). Was diese Dimensionen für die Einzelnen jeweils bedeuten, ist allerdings sehr unterschiedlich. So sprechen etwa sowohl ein US-amerikanischer Absolvent einer Business School als auch ein südafrikanischer Arbeiter die Dimension „finanzielle Sicherheit" an. Der Absolvent der Business School versteht darunter einen entsprechenden Polster an Finanzanleihen; der Arbeiter finanzielle Mittel, um sich und seine Familie ohne materielle Not über das nächste Monat zu bringen.

Hinter diesen sieben Dimensionen verbirgt sich die auch in diesem Buch wichtige Unterscheidung zwischen objektivem und subjektivem Karriereerfolg.

Objektiver und subjektiver Karriereerfolg

Indikatoren für den objektiven Karriereerfolg sind uns wohlvertraut. Dazu zählen v. a. Einkommen, hierarchische Position, Zahl der Beförderungen oder Status der erreichten Position. Diese Indikatoren haben eines gemeinsam: Sie sind sichtbar und das – wenigstens formal – für das gesamte soziale

Umfeld. Der subjektive Karriereerfolg hingegen ist nur bedingt allgemein sichtbar. Er zeigt sich etwa in der persönlichen Gesamtbewertung oder Zufriedenheit mit der Karriere.

Dass objektiver und subjektiver Karriereerfolg etwas miteinander zu tun haben, scheint intuitiv klar. Aber sind objektiv Erfolgreiche auch zufrieden? Kennen wir nicht Menschen, die trotz hoher Position und stattlichem Einkommen persönlich unzufrieden auf noch Erfolgreichere schielen? Oder umgekehrt solche, die objektiv wenig erfolgreich, subjektiv aber doch sehr zufrieden mit dem Erreichten sind? Tatsächlich zeigt eine Metaanalyse[7], dass der Zusammenhang zwischen objektivem und subjektivem Karriereerfolg nicht besonders hoch ist. Er liegt, gemessen an jeweils unterschiedlichen Indikatoren, in etwa zwischen 0,20 und 0,30 (0 „gar kein Zusammenhang"; 1 „vollständiger Zusammenhang").

Auch unsere eigenen Analysen im Vienna Career Panel Project (ViCaPP), einer seit 2000 laufenden Langzeit-Panelstudie von Absolventinnen und Absolventen wirtschaftswissenschaftlicher Studiengänge in Österreich (www.vicapp.at; s. Anhang) der Abschlusskohorten 1990, 2000 und 2010, belegen: Objektiver und subjektiver Karriereerfolg klaffen auseinander.[8] Die Ergebnisse dazu lassen sich in vier Gruppen teilen. In den Gruppen „Rundum erfolgreich" (Karriereerfolg objektiv und subjektiv hoch) und „Trotzdem zufrieden" (Karriereerfolg objektiv gering, subjektiv hoch) – beides Gruppen mit hohem subjektiven Karriereerfolg – finden sich verstärkt emotional stabile Personen. Die Leistungsmotivation und die Führungsmotivation wiederum sind eng gekoppelt an den objektiven Karriereerfolg – und damit überproportional stark ausgeprägt in den Gruppen „Rundum erfolgreich" und „Niemals genug" (Karriereerfolg objektiv hoch, subjektiv gering). Bei „Trotzdem zufrieden" (Karriereerfolg objektiv gering, subjektiv hoch) gibt es diesbezüglich keine Besonderheiten.

---

7 Die häufig zitierte Arbeit von Ng, Eby, Sorensen und Feldman 2005, die systematisch die gesammelten Forschungsbefunde zu diesem Thema zusammenfasst und analysiert.

8 Objektiver Erfolg gemessen an: Einkommen, Anzahl unterstellter Mitarbeiter und Anteil an Führungsaufgaben; subjektiver Erfolg: summarische Karrierezufriedenheit, Zufriedenheit mit einzelnen Dimensionen wie fachliche und persönliche Weiterentwicklung oder Sicherheit; Korrelation zwischen beiden Faktoren: 0,17. Für jede Kohorte Mediansplit zur Einteilung in vier Gruppen.

Waren Frauen bei „Rundum erfolgreich“ in der 1990er-Kohorte im Vergleich zu den anderen drei Gruppen noch leicht überrepräsentiert (Frauenanteil in der Kohorte 36%, in dieser Gruppe 39%), ist das bei den späteren Kohorten nicht mehr der Fall (Kohorte 2000 bzw. 2010 44 bzw. 55% Frauenanteil: 35 bzw. 44%). Bei „Insgesamt enttäuscht“ und „Trotzdem zufrieden“ sind Frauen mit steigender Tendenz überproportional stark vertreten. In „Niemals genug“ gibt es im Vergleich zum jeweiligen Frauenanteil der Kohorte weniger Frauen, allerdings wird der Abstand zu den betreffenden Männern von Kohorte zu Kohorte ein wenig geringer.

Auch durch eine Betrachtung der Verteilung pro Geschlecht auf die Erfolgsgruppen lassen sich einige Trends erkennen, wie z. B. ein in jeder Kohorte höherer Anteil von Frauen in „Insgesamt enttäuscht“ und „Trotzdem zufrieden“ (Abbildung 3).

Aus unserer Sicht sind die Ergebnisse der Analysen „schwache Signale“, die auf grundsätzlichere Entwicklungen verweisen. Erstens: Frauen haben in erhöhtem Maß gesellschaftliche Ansprüche an Erfolg verinnerlicht, die traditionell Domäne der Männer waren. Zwar hat sich, auch wenn noch viel zu tun bleibt, in den letzten Jahrzehnten die berufliche Situation für Frauen insgesamt verbessert. Allerdings werden die entsprechend gestiegenen persönlichen Erwartungen angesichts in der Praxis vorfindbarer unterschiedlicher Gegebenheiten für Frauen und Männer häufig enttäuscht, was sich sowohl in der objektiven als auch in der subjektiven Karriere negativ niederschlägt (siehe dazu auch Kap. 9).

Zweitens: Objektiver Karriereerfolg – Einkommen, Aufstieg – ist bei Männern stärker ausgeprägt. Allen Verbesserungen zum Trotz sind wir weit von Chancen- und Ergebnisgleichheit zwischen den Geschlechtern entfernt.

Drittens: Selbstzugeschriebener subjektiver Karriereerfolg trotz geringen objektiven Erfolgs ist häufiger bei Frauen zu finden. Das scheint das Ergebnis zweier Tendenzen zu sein. Zum einen kann die häufige Enttäuschung über ausbleibenden objektiven Karriereerfolg bei manchen zur inneren Umdeutung führen, denn: Wer ist schon gerne unglücklich? Also deuten wir Unerfreuliches als eigentlich gar nicht so schlimm um und heben etwa die Vorteile einer verwehrten Beförderung wie geringere Arbeitsbelastung hervor. Wir sprechen hier von der Reduktion kognitiver Dissonanz, also negativer innerer

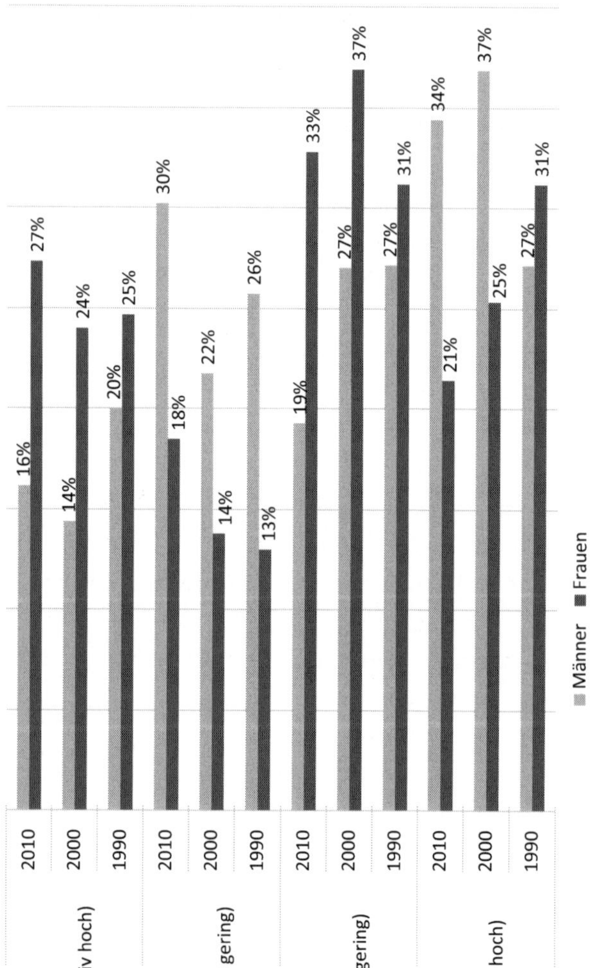

Abbildung 3: Verteilung pro Geschlecht nach Kohorten und Karriereerfolgsgruppen

Spannungszustände. Zum anderen kann „Trotzdem zufrieden“ – also: hoher subjektiver und geringer objektiver Karriereerfolg – auch das Ergebnis bewusster Wahlentscheidungen und flexibler Lebenskonzepte sein. Wer nicht primär an Einkommen und Aufstieg, also objektivem Karriereerfolg, interessiert ist, sondern seine berufliche Tätigkeit als eine, aber bei Weitem nicht die einzige oder wichtigste Komponente eines erfüllten Lebens sieht, ist subjektiv auch mit geringerem objektivem Karriereerfolg zufrieden. Das ist der Fall, wenn die eigene berufliche Tätigkeit gut mit anderen Lebensbereichen harmoniert und etwa noch Zeit und Energie für Aufgaben in der Zivilgesellschaft übrig lässt.

Das Verhältnis von objektivem und subjektivem Karriereerfolg ist also kein einfaches, auch wenn wir relativ klare Erfolgsindikatoren haben. Indikatoren alleine sind aber noch nicht genug für eine persönliche Erfolgsbewertung. Wir benötigen auch Maßstäbe, die es uns erlauben, „Erfolg“ oder „Misserfolg“ festzustellen. Diese kommen aus zwei Quellen. Entweder vergleichen wir unsere Karriereerfolgsindikatoren anhand von Aspekten aus unserem „Inneren“ – man spricht hier von Selbstreferenz – oder solchen, die „außerhalb“ von uns selbst liegen, also Fremdreferenz.[9] Tabelle 1 zeigt das beispielhaft.

	Erfolgseinschätzung durch	
	Selbstreferenz („innen“)	Fremdreferenz („außen“)
Subjektiver Karriereerfolg	z.B. Zufriedenheit mit Job, der die eigenen Erwartungen bei Weitem übertrifft	z.B. Leben der eigenen Berufung im Vergleich zu Bekannten
Objektiver Karriereerfolg	z.B. Position im Beruf im Verhältnis zu Plänen bei Schulabschluss	z.B. eigenes Einkommen vs. Einkommen von Studienkolleginnen

Tabelle 1: Referenzrahmen bei der Beurteilung von subjektivem und objektivem Karriereerfolg

Wir haben also durchaus unterschiedliche Bezugspunkte, die wir für unsere Erfolgseinschätzungen verwenden können. Das unterstreicht, dass Karriereerfolg nicht ohne weiteres leicht und einheitlich festzustellen ist.

9 Heslin 2003.

SCHNAPPSCHÜSSE AUS DER ACHTERBAHN: KARRIEREERFOLG UND SEINE DIMENSIONEN

Karriereerfolg hat sieben inhaltliche Dimensionen: Lernen und Entwicklung, Entrepreneurship, Work-Life-Balance, Positiver Impact, Positive Arbeitsbeziehungen, Finanzielle Sicherheit, Finanzieller Erfolg.

→ Was davon ist mir besonders wichtig – derzeit und in der näheren Zukunft? Was nicht so sehr?

→ Spricht meine derzeitige Tätigkeit die mir wichtigen Erfolgsdimensionen an? Wenn nicht – will und kann ich daran etwas ändern?

Karriereerfolg hat eine objektive und eine subjektive Seite, die nicht so stark zusammenhängen, wie wir oft annehmen.

→ Wie stark ist der Zusammenhang bei mir?

→ Warum (nicht)?

Bis jetzt haben wir unser Verständnis von Karrieren und Karriereerfolg dargelegt – mit Bezug auf solide Forschungsbefunde und weitgehend befreit von normativen und wertgeladenen Untertönen. Damit ist die Grundlage für die Kernfrage dieses Buches gelegt: Welche Faktoren beeinflussen unseren beruflichen Werdegang? Dazu mehr im nächsten Kapitel.

Kapitel 3:

Alles eine Frage der Bauweise. Konstruktionen von Karrieren

Wolfgang Mayrhofer/Dominik Zellhofer

Die Diskussion von Einflussfaktoren braucht ein klares Verständnis davon, was es ist, das beeinflusst wird. Unsere bisherigen Überlegungen erlauben uns drei Konstruktionen von Karrieren, die jeweils verschiedene Aspekte hervorheben. Die Achterbahn-Metapher macht trotz unvermeidlicher Grenzen von Metaphern intuitiv deutlich, worum es geht. Die Anatomie von Karrieren weist auf zentrale Bausteine von Karrieren hin. Das konzeptionelle Zwiebelmodell der Einflussfaktoren schließlich adressiert die Schichtung und wechselseitige Beziehung dieser Faktoren.

Achterbahn-Metapher

Achterbahn – ein Teil unseres Buchtitels – ist eine der möglichen Metaphern für Karriere.[10] Da gibt es Vorfreude und erwartungsvolle Spannung, Gerangel um die Wagen ganz vorne schon beim Einstieg und dann verschlungene, aber nicht beliebig viele Wege in alle Dimensionen des Raums. Es geht auf und ab, lustvolles und erschrockenes Schreien sind oft schwer voneinander zu trennen, manchmal hängt man kopfüber in der Landschaft, nur mehr festgehalten von Gurt und eigener Anstrengung. Auch ist die Zeit am Gipfel kurz, dafür der Aufstieg oft langsam und der Abstieg rasch. Fliehkräfte drohen einen mehr als einmal aus der Bahn zu werfen. Selten ist man alleine und in der Regel gemeinsam unterwegs, das Publikum steht an der Seite und beobachtet gespannt. Innerlich hoffen die einen, dass trotz des mehr als einmal auftauchenden flauen Gefühls im Magen – nicht immer direkt verbunden mit der äußerlich gerade stattfindenden Berg- und Talfahrt – alles gut und ohne technische Panne ausgeht; die anderen wieder bekommen kaum genug von der wilden Fahrt. Am Schluss: für manche viel Lärm um nichts oder relativ wenig, für andere das erste und das letzte Mal, für wieder andere ein tolles Erlebnis und Anreiz für mehr. Alle aber sind reicher an Erfahrungen und nicht mehr dieselben wie vorher. Und für alle gilt: bitte Platz machen für die Nächsten.

Wie jede Metapher hat auch dieses Sinnbild seine Grenzen. Wo bleibt, so mögen Sie zu Recht einwenden, die Vergänglichkeit von Karrieren, die – ursprünglich angestrebt – sich plötzlich in Nichts auflösen? Warum fehlt hier die Konkurrenz, die einem Knüppel vor die Füße wirft? Ist trotz allem das Auf und Ab, Hin und Her einer Achterbahnfahrt nicht ein sehr geplantes und berechenbares Unterfangen? Völlig richtig, aber Metaphern haben nun mal Grenzen und die vorliegende ist keine Ausnahme. Trotzdem weist die Achterbahn auf viele zentrale Aspekte von Karrieren hin, die wir im Laufe des Buches immer wieder aufgreifen.

10 Zu häufig verwendeten Karrieremetaphern s. Inkson, Dries und Arnold 2015.

Anatomie von Karrieren

Sehr nüchtern definieren wir auf Basis des Social Chronology Framework Karrieren als ein Muster berufsbezogener Zustände und Positionen von Karriereakteuren in einem begrenzten sozialen und geografischen Feld in ihrem bisherigen Leben.[11] Wir haben auf dieser Basis die drei für Karriere zentralen Perspektiven – Zeit, Raum, Sein – genauso vorgestellt wie aneinandergereihte Karriereübergänge als elementare Bausteine. Diese führen zu Karriere und Karriereerfolg mit ihren jeweils objektiven und subjektiven Aspekten. Damit ergibt sich konzeptionell ein klares Bild (Abbildung 4).

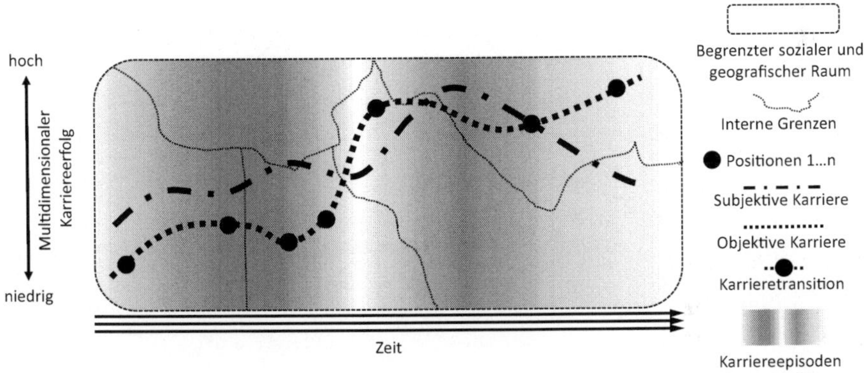

Abbildung 4: Anatomie von Karrieren

Karrieren entfalten sich in einem begrenzten sozialen und geografischen Raum. Äußere Grenzen sind etwa externe Organisationsgrenzen – nicht alle an einem Trainee-Programm interessierten Personen werden eingestellt – oder äußere Grenzen eines beruflichen Feldes – so sind Karrieren im rechtsanwaltlichen Bereich an strikte Eingangsvoraussetzungen gebunden. Innere Grenzen ermöglichen Bewegungen oder verhindern diese und weisen auf relevante Regeln und Normen hin. Im Krankenhaus etwa ist recht streng definiert, was die Ärztin, was der Pfleger, was der Physiotherapeut darf. In diesem begrenzten Raum bewegen wir uns, via Karriereübergänge reihen wir Position an Position. Die so entstehende Abfolge ist unsere objektive Karriere. Gleichzeitig,

[11] Gunz und Mayrhofer 2018.

aber nicht gleichlaufend entwickelt sich die subjektive Karriere. All das entfaltet sich über die Zeit in Karriereepisoden gegliedert. Diese bezeichnen subjektiv oder objektiv bedeutsame und voneinander deutlich unterscheidbare Abschnitte unserer Karrieren, also z. B. Berufseinstieg, Auslandsaufenthalt oder Arbeitslosigkeit. Auf dieser Basis schätzen wir unseren Karriereerfolg ein. Wichtig ist: Alle Erwerbstätigen haben Karrieren – sie sind in diesem Sinn nicht exklusiv für einige wenige Menschen oder gar an „Erfolg" geknüpft.

Zwiebelmodell

Die Alltagskommunikation zeichnet oft ein verkürztes Bild von Karriere. Das trifft insbesondere auf Einflussfaktoren zu und hier v.a. auf Persönlichkeit und Zufall. Wer sich auf Karriereseiten von Boulevard- wie auch Qualitätsmedien begibt, könnte glauben, damit das Wesentliche identifiziert zu haben. Da finden sich für den Weg „an die Spitze" Faktoren wie „Strahlkraft, Chefdenken, Knigge-Kenntnis"[12] oder „erfolgsintelligentes Verhalten, vertrauenswürdig, Sympathie, Charme"[13]. Auch der Zufall kommt gut weg: „Gib zu, du hattest Glück! … Ich war oft zur richtigen Zeit an der richtigen Stelle – und das ist Glück."[14] oder die Aussage: „Langfristig sei Karriere allerdings kaum planbar. Das liege vor allem am großen Einfluss des Zufalls. ‚Persönliche Eignung und äußere Umstände entscheiden je etwa zur Hälfte über den Karriereerfolg.'"[15]

Von derartigen Vereinfachungen halten wir: nichts. Natürlich spielt Persönlichkeit eine bedeutsame Rolle, aber primär darauf abzustellen ist irreführend. Klar ist Zufall wichtig, aber wie nicht nur der Aphorismus weiß: „Le hasard, d'ailleurs, favorise les esprits préparés"[16] (Der Zufall begünstigt übrigens nur den vorbereiteten Geist; Louis Pasteur).

---

12 https://www.krone.at/105123.

13 https://www.bild.de/ratgeber/job-karriere/karriere/mit-diesen-3-faktoren-machen-sie-karriere-erfolg-35350850.bild.html.

14 WirtschaftsWoche NR. 34 vom 14.08.2020, Seite 14.

15 https://gruppe.spiegel.de/news/pressemitteilungen/detail/harvard-businessmanager-karriere-faktor-zufall-aeussere-umstaende-sind-entscheidend-fuer-den-erfolg.

16 Pasteur 1933: 348.

Die einschlägige Forschung zeigt, dass Karrieren und Karriereerfolg im Wechselspiel einer Vielzahl von Faktoren entstehen. Sie sind auf ineinander verschachtelten Ebenen angesiedelt und stehen in – oft wechselseitiger – Beziehung. Unser Zwiebelmodell[17] fasst das zusammen und zeigt beispielhaft wesentliche Faktoren (Abbildung 5).

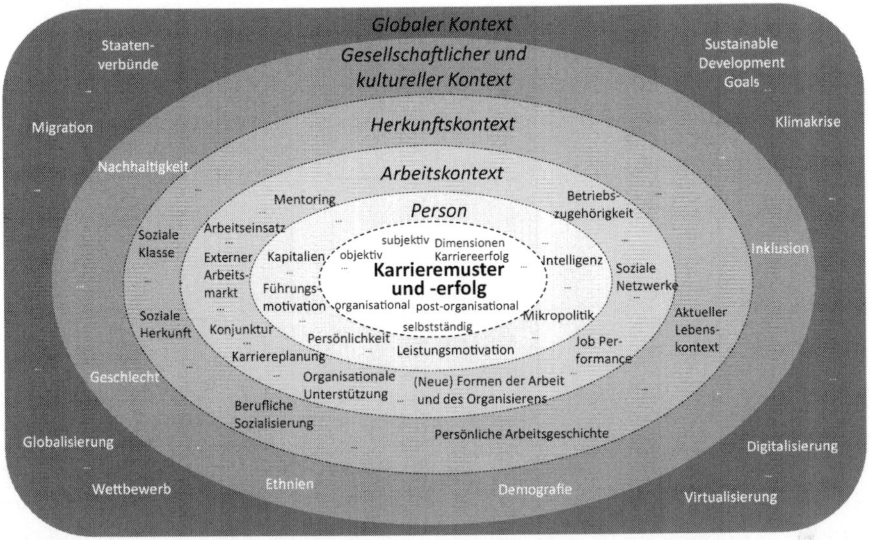

Abbildung 5: Zwiebelmodell der Einflussfaktoren auf Karriereerfolg

Das Modell erlaubt eine differenzierte Betrachtung der Einflussfaktoren auf Karrieren. Jenseits eindimensionaler Erklärungen weist es auf ein ineinander verschachteltes Miteinander der Karriereerfolgsfaktoren hin. So hat etwa Führungsmotivation bei drei Alpha-Tieren in einem Arbeitsteam andere Auswirkungen als bei einem Team, in dem sich niemand um die Führungsrolle reißt. Unterschiedliche Schalen des Modells bedeuten dabei nicht notwendigerweise unterschiedlich starke Wirkung. Der globale Kontext etwa erscheint für die Karriereüberlegungen einzelner Personen weit entfernt. Die Covid-19-Pandemiejahre zeigten allerdings, dass das bei Weitem nicht immer der Fall ist. Die global wirksame Digitalisierung illustriert die Wech-

[17] Modifiziert und weiterentwickelt auf Basis von Steyrer, Mayrhofer und Meyer 2005.

selwirkungen zwischen verschiedenen Ebenen, etwa dem globalen Kontext und dem Arbeitskontext. So ermöglicht sie u. a. neue Formen der Arbeit wie „platform work" – Beispiele dafür sind etwa Uber, Amazon's Mechanical Turk, Upwork oder Fiverr – mit teilweise bisher nicht vorhandenen Karriereoptionen (s.a. Kap. 11).

SCHNAPPSCHÜSSE AUS DER ACHTERBAHN: KONSTRUKTIONEN VON KARRIEREN

Bausteine für die Anatomie von Karrieren sind Positionen im begrenzten und von Grenzen durchzogenen sozialen und geografischen Raum, in dem sich Karrieretransitionen aneinander reihen und zu objektiven und subjektiven Karrieren werden, deren Erfolg multidimensional bewertet wird und die sich über die Zeit in Karriereepisoden gliedern.

→ Habe ich eine Vorstellung von den Karriereepisoden hinter und vor mir?
→ Was hat mir geholfen und was wird mir helfen, diese gut zu bewältigen?
→ Kenne ich die Grenzen und „Zutrittspunkte" meiner Karrierelandschaft?

Karriere gleicht einer Achterbahn mit all ihren für Menschen attraktiven und weniger attraktiven Seiten.

→ Was habe ich auf meiner bisherigen Karrierefahrt besonders genossen, was war eher schrecklich?
→ Welche Faktoren helfen meiner Karriere, in der Bahn zu bleiben und nicht zu entgleisen?

Meine Karriere wird von Faktoren auf unterschiedlichen Ebenen beeinflusst: der Person, dem Arbeitskontext, dem Herkunftskontext, dem gesellschaftlichen und kulturellen Kontext sowie dem globalen Kontext.

→ Welche Faktoren sind von besonderer Bedeutung?
→ Wie sehr kann ich diese wie beeinflussen?
→ Gibt es wichtige Faktoren, die ich bisher gar nicht beachtet habe? Wenn ja, (wie sehr) kann ich sie beeinflussen?

In den folgenden Kapiteln diskutieren wir ausgewählte Einflussfaktoren. Wir beginnen mit der „Vogelperspektive". Die Metaanalyse im nächsten Kapitel fasst zusammen, was grundsätzlich unsere Fahrt auf der Karriereachterbahn beeinflusst. Die darauffolgenden Kapitel behandeln dann jeweils einen Faktor in größerer Tiefe.

Kapitel 4:

Panoramablick: eine Metaanalyse von Erfolgsfaktoren

Johannes Steyrer/Michael Schiffinger/Wolfgang Mayrhofer

Paul Potts trat 2007 in der Castingshow *Britain's got talent* auf. Übergewichtig und schüchtern gab er die Arie *Nessun dorma* aus Giacomo Puccinis Oper *Turandot* zum Besten. Zunächst stieß er auf Skepsis, doch der Underdog, Sohn einer Kassiererin und eines Busfahrers, gewann und erlangte Weltruhm. Allein in Deutschland setzte er 3,5 Millionen Tonträger ab. Geschichten wie diese – vom Tellerwäscher zum Pavarotti – versinnbildlichen den Topos „Alles ist möglich!" Aber geht das – von Ausnahmen wie Potts abgesehen – wirklich?

Damit stellt sich grundsätzlich die Frage: Was meinen wir mit „wirklich", wie wirklich ist die Wirklichkeit? Für uns gibt es eine objektive Wirklichkeit (Gravitation – gäbe es auch ohne uns Menschen), eine subjektive (nur für Norbert ist Clarissa die Schönste) und eine intersubjektiv konstruierte. Letztere ist das Ergebnis vielschichtiger sozialer Prozesse, kollektiv konstruiert, historisch gewachsen, kaum hinterfragbar und sie erscheint uns, ähnlich den Naturkonstanten, als „objektiv" gegeben. Wenn aber Menschen Situationen als wirklich definieren, sind ihre Konsequenzen wirklich. Wo blaues Blut der Adeligen gottgewollt erscheint, wird ihre Herrschaft sakrosankt.

Ein wesentliches Mittel zur Legitimation und Konstruktion einer solchen „Realität" sind sinnstiftende Erzählungen. Die Leistungsgesellschaft ist ein derartiges Narrativ. Drei ihrer zentralen Mantras sind: 1. „Leistung zählt", 2. „Harte Arbeit macht erfolgreich" und 3. „Lebe deinen Traum, dann wird etwas aus dir". Folgerichtig sind objektive Karrieren und entsprechender Erfolg – Einkommen, Vermögen, Aufstieg, Macht oder Sozialprestige – das Resultat von individueller Leistung, aufopfernder Hingabe und einem Schuss Talent. Faktoren wie Herkunft, Geschlecht, Vererbung oder gar Zufall und Schicksal werden bestenfalls als nebensächlich angesehen. Betonte man deren Relevanz, stünde das im Widerspruch zum Wertesystem der Leistungsgesellschaft. Entsprechend lautet der Umkehrschluss: Verlierer haben ihren Misserfolg selbst verschuldet. Das wiederum hat einen Einfluss darauf, wie Menschen ihre subjektive Karriere wahrnehmen. Während in den USA College-Absolventen immer gesünder und wohlhabender werden, sterben diejenigen ohne Abschluss immer häufiger an Alkohol, Drogen und Suizid.[18]

Wir wollen – bezogen auf den Berufsverlauf – dieses Narrativ auf den empirischen und theoretischen Prüfstand stellen. Dazu liefern wir mittels einer Metaanalyse – einer statistischen Zusammenfassung von Studienergebnissen zu einem Thema – vorläufige Antworten auf die folgenden Fragen: 1. Welche Faktoren beeinflussen objektiven und subjektiven Karriereerfolg? Karriereerfolg messen wir dabei in Übereinstimmung mit unseren Ausführungen in Kapitel 2 anhand von drei Indikatoren: *Einkommen* aus der Arbeit und vertikaler *Aufstieg* als Zeichen von objektivem Karriereerfolg sowie *subjektiver Karriereerfolg*. 2. Wie sehr hängt der Karriereerfolg von persönlichen und situativen Faktoren ab? Daraus abgeleitet ergibt sich auch die bereits angedeutete Frage, inwieweit man das eigene Karriereglück tatsächlich in der Hand hat. Vorläufig sind die Antworten deswegen, weil solche Metaanalysen nur ein grobes Bild zeichnen. Dementsprechend gehen wir dann in späteren Kapiteln stärker in die Tiefe.

18 Case und Deaton 2022.

Wir legen nachfolgend die bis dato umfassendste Metaanalyse über die Erfolgsfaktoren von Karrieren vor. Zu diesem Zweck haben wir mehr als 500 Studien mit Karrieren von über 600.000 Menschen im Zeitraum 1973–2019 berücksichtigt. Mit dieser Metaanalyse fassen wir den gegenwärtig weltweit vorliegenden empirischen Forschungsstand in verschiedenen Ländern und Berufsfeldern zusammen. Sie gibt Auskunft über die zentralen Einflussfaktoren von Karrieren, die sich in den Studien der letzten 50 Jahre nachweisen lassen.[19]

Berücksichtigte Erfolgsfaktoren

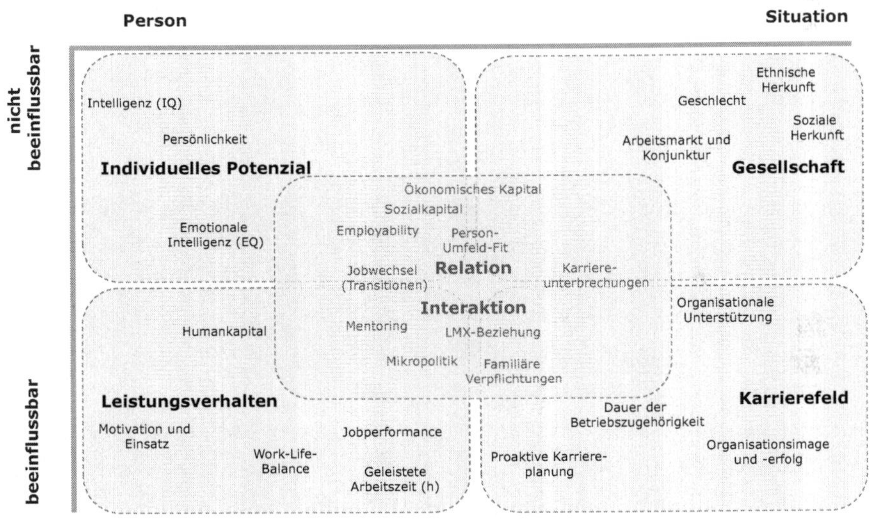

Abbildung 6: Erfolgsfaktoren-Modell auf Basis der Metaanalyse

Das Zwiebelmodell im vorigen Kapitel (Kap. 3) gibt einen ersten konzeptionellen Überblick über Einflussfaktoren auf Karrieren generell. Die in den einschlägigen Studien zu Karriere*erfolg* betrachteten Einflussfaktoren sind nur teilweise die gleichen. Auf Basis der tatsächlichen empirischen Forschung haben wir die dort behandelten Erfolgsfaktoren wie aus Abbildung 6

19 Ein Verzeichnis der inkludierten Studien findet sich unter https://short.wu.ac.at/k8b.

ersichtlich gegliedert: 1. *Individuelles Potenzial*, 2. *Leistungsverhalten*, 3. *Gesellschaft*, 4. *Karrierefeld*, 5. *Interaktionale Faktoren* und 6. *Relationale Faktoren*. Einordnen lassen sich diese Bündel von Faktoren auf zwei Dimensionen: 1) Wie beeinflussbar sind sie von der Einzelperson? 2) Ist ihre Erfolgsrelevanz eher in der Person selbst oder der Situation angesiedelt?

Individuelles Potenzial beschreibt personale Besonderheiten, in denen sich Menschen voneinander unterscheiden. Hier positionieren wir links oben die *Intelligenz (IQ)* im Sinne kognitiver Leistungsfähigkeit und die *Persönlichkeit* im Sinne relativ stabiler Verhaltens-, Gedankens- und Gefühlsmuster. Diese Faktoren sind zu etwa drei Viertel bzw. der Hälfte angeboren.[20] Das Konzept der *Emotionalen Intelligenz (EQ)* misst die Fähigkeit, sowohl eigene als auch fremde Gefühle wahrzunehmen und zu beeinflussen. Sie ist im Vergleich zum klassischen IQ stärker förder- und entwickelbar. Somit positionieren wir diesen Faktor weiter unten im Kontinuum.

Leistungsverhalten bezieht sich auf persönliche Inputfaktoren. Zunächst verorten wir das *Humankapital*, also z. B. Aus- und Weiterbildung, Arbeitserfahrung, Fach- und Sprachkenntnisse oder Internationalität. Das Humankapital hängt nicht nur von der Zielstrebigkeit einer Person ab, sondern u. a. auch von ihrer Herkunft, was seine Verortung im Bereich bedingter Beeinflussbarkeit begründet. Gleichfalls in diesen Bereich fallen *Job Performance*, die den Grad der arbeitsbezogenen Zielerreichung einer Person abbildet, sowie der Faktor *Motivation und Einsatz*, der durch folgende Facetten gemessen wird: a) außerordentliche Anstrengungen jenseits der Anforderungen aus der Stellenbeschreibung, b) positive Arbeitseinstellung, c) starke affektive Bindung gegenüber dem Arbeitgeber sowie d) Karriere-Ambitionen. Die *Work-Life-Balance* beschreibt die angestrebte Ausgewogenheit zwischen privaten Bedürfnissen und Beruf. Zu guter Letzt ordnen wir die *Geleistete Arbeitszeit* in Stunden als persönlichen Einsatzfaktor links unten ein, da hier von einer vergleichsweise großen willentlichen Bestimmbarkeit auszugehen ist.

Unter den situativen Faktoren geht es bei *Gesellschaft* um die sozialen, wirtschaftlichen und politischen Rahmenbedingungen, in denen sich Karrieren entwickeln. Dieser Cluster beinhaltet zunächst die *ethnische Herkunft*.

[20] Haworth u. a. 2010; Plomin und Deary 2015; Yamagata u. a. 2006.

Auch die *soziale Herkunft* wird uns in die Wiege gelegt und entzieht sich unserer Kontrollierbarkeit. Indikatoren sind Bildung und soziale Schichtzugehörigkeit der Eltern sowie deren berufliche Stellung. Ebenso der individuellen Einflusssphäre entzogen ist die gesellschaftliche Bewertung des *Geschlechts* und daraus resultierende Ungleichheiten bezüglich Einkommen oder Arbeitsteilung. Schließlich sind *Arbeitsmarkt und Konjunktur* als situative Faktoren von den Betroffenen nicht lenkbar. Erfasst wurden hier z. B. wirtschaftliche Entwicklung, Arbeitslosigkeit, Berufsnachfrage und Konkurrenzbedingungen am Arbeitsmarkt.

Karrierefeld beschreibt Strukturen und Voraussetzungen, die Menschen in unterschiedlichen beruflichen Funktionsbereichen vorfinden, um dort Karriere zu machen. Für die meisten Erwerbstätigen bestimmt die Organisation als ihr Arbeitgeber das Karrierefeld ganz wesentlich mit. Als Erstes platzieren wir hier die *Organisationale Unterstützung*, also karrierefördernde Entwicklungsmaßnahmen wie Personalentwicklung oder Unterstützung durch Kollegen und Vorgesetze, allesamt Maßnahmen, die in erster Linie vom Arbeitgeber ausgehen, aber auch vom Leistungs- und Sozialverhalten der Beschäftigten abhängen. Dem folgt die *Dauer der Betriebszugehörigkeit.* Schließlich spielen für Karrieren (und auch für Bewerbungsentscheidungen) *Organisationsimage- und -erfolg* des beschäftigenden Unternehmens eine Rolle, etwa im Sinne von Größe, Prestige und Markterfolg. Bei der *proaktiven Karriereplanung* geht es darum, dass Personen ihre Karriereziele definieren, vorausschauend planen und zielgerichtet umzusetzen versuchen.

In der Mitte liegen Faktoren mit besonders starker Wechselwirkung zwischen Personen und Situationen. Bei den *Relationen* geht es um Zusammenhänge zwischen Person und Situation, während *Interaktionen* das aufeinander bezogene Handeln von Personen und ihr wechselseitiges Einwirken thematisieren.

Wofür steht *Relationen*? Das ökonomische Kapital[21] – wir berücksichtigen den sozioökonomischen Status einer Person sowie deren Vermögen und Familieneinkommen – ist ein sich selbst verstärkender Karriere-Booster. Es entsteht aus dem Zusammenspiel vieler Faktoren, etwa sozialer Herkunft,

21 Bourdieu 1992a.

Humankapital, Leistung etc. und ist sowohl extern vorgegeben als auch durch persönliche Leistung vermehrbar. Das *Sozialkapital* umfasst die sozial unterstützenden Netzwerke einer Person. Wir berücksichtigen Quantität und Qualität der formalen und informalen Netzwerke. Der eigene Arbeitsmarktwert (*Employability*) im Sinne der Übereinstimmung von Anforderungen der Arbeitswelt und persönlichen wie fachlichen Kompetenzen einer Person, wird rechts in der Mitte verortet, um die Relevanz der Situation zu berücksichtigen. Links davon, also stärker personenbezogen, findet sich die Kategorie *Lückenlose Karriere.* Dabei geht es um (möglichst wenige) Phasen der Arbeitslosigkeit oder bewusste berufliche Auszeiten. Des Weiteren wird in diesem Cluster der *Person-Umwelt-Fit* eingefügt. Es geht um die Frage, inwieweit es uns gelingt, eine Karriere einzuschlagen, die zu unseren Bedürfnissen, Werten, Zielen sowie der Persönlichkeit passt. Das hängt natürlich nicht nur von proaktivem Verhalten, sondern auch von vorgefundenen Karriereoptionen ab. *Transitionen*, gemessen anhand der Häufigkeit des Wechsels von Jobs und Arbeitgebern, sind ein Mittel, diese Passung zu erreichen. Unabhängig davon, ob sie dadurch verbessert wird oder nicht, stellt sich die Frage, inwieweit Transitionen generell karriereförderlich sind.

Der Cluster *Interaktionen* thematisiert persönliche Beziehungen. *Mentoring* beschreibt eine Zweierbeziehung zwischen einer erfahrenen Person (Mentor/Mentorin) und Protegés, meist in einem früheren Karrierestadium. Sie zielt darauf ab, die Entwicklung beider voranzutreiben. Einen stärker führungsbezogenen Fokus hat das *Leader-Member-Exchange*-Konzept *(LMX).* Eine Führungskraft ordnet Mitarbeitende entweder einer In- oder Out-Group zu. Die In-Group erhält im Vergleich zur Out-Group mehr Aufmerksamkeit, herausforderndere Ziele und Entwicklungschancen. *Mikropolitik* erfasst alle aktiven Versuche, das eigene Sozialkapital zu erhöhen und enge Beziehungen zu Förderern aufzubauen. Es thematisiert damit unterschiedliche Beeinflussungstaktiken zur Selbstdurchsetzung im Beruf. Darunter fallen Netzwerken, strategisch-taktisches Handeln, gezielte Selbstdarstellung und -vermarktung (Impression Management) oder Einschmeicheln bei wichtigen Personen. Schließlich beinhalten *Familiäre Verpflichtungen* die Familiengröße und die daraus resultierende Personensorge.

Erfolgsfaktoren für Einkommen (objektive Karriere)

Abbildung 7 zeigt die Ergebnisse für den Zusammenhang zwischen den Einflussfaktoren und dem Einkommen.[22] Der Kreis markiert die mittlere Korrelation des jeweiligen Einflussfaktors mit dem Einkommen. Basierend auf den üblichen Größenordnungen in diesem Forschungsfeld klassifizieren wir Zusammenhänge zwischen 0,05 und 0,15 als *schwach*, Korrelationen zwischen 0,16 und 0,25 als *mittel* und ab 0,26 als *stark*. Je mehr Befunde jeweils vorhanden waren, desto größer ist der eingezeichnete Kreis. Der Bereich geht dabei von nur zwei bis zu über 200 Studien; im Schnitt sind es 40.

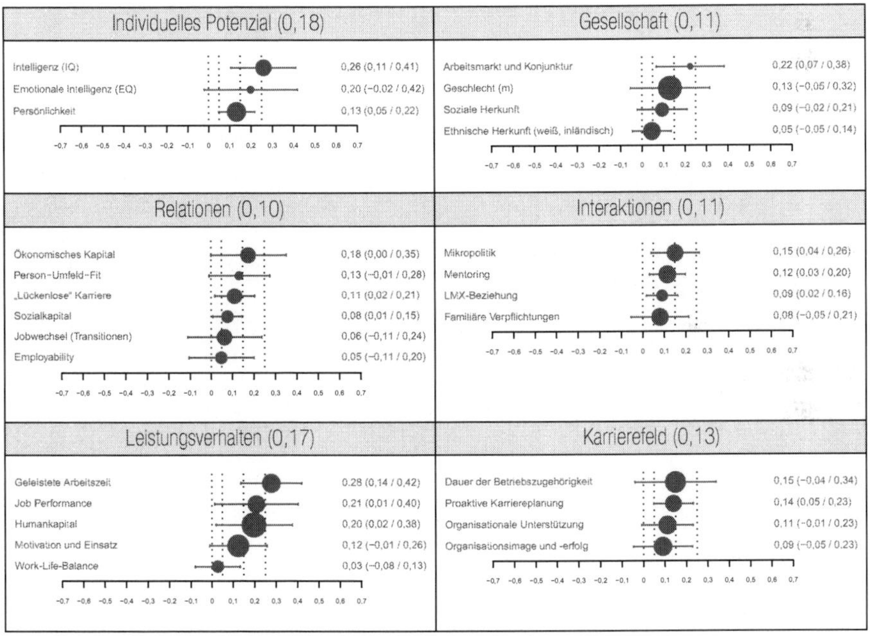

Abbildung 7: Metaanalyse – Einflussfaktoren auf Einkommen (objektiver Karriereerfolg)

[22] Einschlägig Bewanderte vermissen insbesondere in den Folgekapiteln vielleicht Angaben zur statistischen (Nicht-)Signifikanz. Wir haben mangels expliziter Hypothesen und zwecks besserer Lesbarkeit bewusst darauf verzichtet. Zudem beruhen die meisten Ergebnisse auf Stichprobengrößen, wo nach den „üblichen Regeln" bereits geringe Effekte (entsprechend einer Korrelation von 0,1 oder weniger) als statistisch signifikant ausgeflaggt würden.

Die Balken links und rechts des Kreises stellen die Schätzunsicherheit dar, konkret eine Standardabweichung; der markierte Bereich deckt somit geschätzt etwas mehr als zwei Drittel aller zu erwartenden Effekte dieses Einflussfaktors quer über alle unterschiedlichen Situationen ab. Diese drei Werte (Durchschnittseffekt, untere und obere Grenze des erwähnten Intervalls) stehen auch neben der jeweiligen grafischen Darstellung. Zusätzlich ist neben der Überschrift die gewichtete Durchschnittskorrelation des jeweiligen Faktorenbündels mit dem Einkommen angegeben.

In der Gesamtschau zeigt sich, dass individuelles Potenzial und Leistungsverhalten am deutlichsten mit dem Einkommen zusammenhängen. Die anderen Bündel an Erfolgsfaktoren liegen punkto Gesamteinfluss auf einem ähnlichen und etwas geringeren Niveau. Einkommen hängt demnach also tendenziell mehr von der Person als von der Situation ab, wobei sich die Effekte von beeinflussbaren und nicht beeinflussbaren Faktoren die Waage halten.

Bei summarischer Betrachtung der einzelnen Faktoren steckt eine gehörige Portion Leistung in der Leistungsgesellschaft. Weitestgehend beeinflussbare personale Faktoren wie die geleistete Arbeitszeit, Investitionen ins *Humankapital* und die *Job Performance* rechnen sich mit am stärksten. Allerdings gibt es ebenso einkommensrelevante Faktoren, die sich der individuellen Handhabe gänzlich oder weitestgehend entziehen. Dazu gehören die *Intelligenz* und der situative Faktor *Arbeitsmarkt und Konjunktur.* Alle diese Faktoren weisen einen starken (Arbeitszeit, Intelligenz) bzw. mittelstarken Effekt (Humankapital, Job Performance und Arbeitsmarkt/Konjunktur) auf.

Bei der Betrachtung der im weiteren Verlauf des Buches näher analysierten Faktoren fällt auf, dass *Mikropolitik*, *Geschlecht* und *Persönlichkeit* der Metaanalyse zufolge ungefähr gleich (und jeweils nicht allzu) einkommensrelevant sind. Allerdings ist die Schwankungsbreite beim Geschlecht etwas höher als bei den beiden anderen Faktoren. Das liegt einerseits daran, dass es dazu sehr viele Studien gibt, die jeweils zu etwas anderen Ergebnissen kommen. Andererseits deutet dieses Ergebnis darauf hin, dass der Einkommensunterschied zwischen Frauen und Männern je nach Kontext deutlich variiert.

Die *soziale Herkunft* weist hingegen nur einen schwachen Zusammenhang mit dem später erzielten Einkommen auf. Das könnte folgenden Grund haben. Karriereforschung ist tendenziell „Etablierten-Forschung“, weil ihr Fokus primär auf einen vorselektieren Personenkreis mit höherer Qualifikation, Leistung und Betriebsbindung gerichtet ist. Wer beruflich scheitert oder gesellschaftlich ausgegrenzt ist, kommt damit erst gar nicht in den Blickpunkt.

Womöglich überraschend ist der Befund zu den familiären Verpflichtungen, die sich schwach positiv auf das Einkommen auswirken. Hier könnte indes ebenfalls das Geschlecht hineinspielen. Das klassische Familienmodell (mit den entsprechenden Sorgepflichten) ist in der empirischen Gesamtbetrachtung nämlich für Männer tendenziell karriere- und somit einkommensförderlich, für Frauen aber ein Karrierehemmnis.

Erfolgsfaktoren für den Aufstieg (objektive Karriere)

Die Faktoren für den Aufstieg sind teilweise andere als für das Einkommen. Warum? Wir können drei Gründe anführen. 1. Geld ist leichter „vermehrbar“ als Statuspositionen. Bonuszahlungen lassen sich deutlich flexibler gestalten als die Anzahl der Sprossen auf der unternehmensinternen Karriereleiter. Der Selektionsdruck dürfte beim Aufstieg daher höher sein. 2. Das erzielte Einkommen ist das Resultat quantitativer Bewertungen (z. B. Zielerreichung), während dem Aufstiegserfolg eher qualitative Kriterien zugrundeliegen (z. B. Vorbildwirkung). Beim Aufstiegserfolg ist also der Zusammenhang diffuser. 3. Der vertikale Aufstieg einer Person ist für die Organisation folgenreicher als ein Zuwachs beim Einkommen. Beispiele sind veränderte Teamzusammensetzungen, Machtverteilung und Kommunikationsmuster. Abbildung 8 zeigt wie zuvor für das Einkommen die Korrelationen der Einflussfaktoren mit dem Aufstieg.

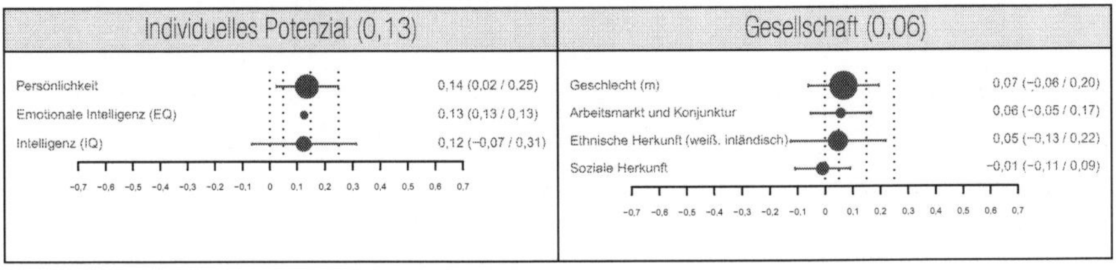

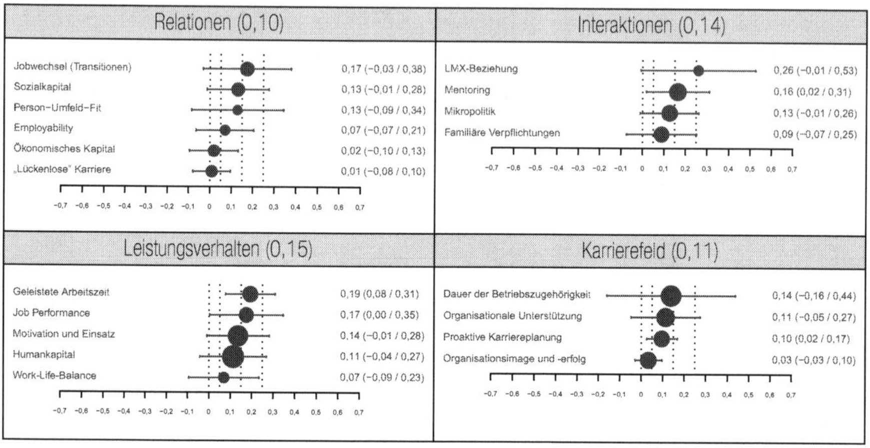

Abbildung 8: Metaanalyse – Einflussfaktoren auf Aufstieg (objektiver Karriereerfolg)

Wo finden sich zentrale Unterschiede zum Einkommen? Auch hier gehören das der Person zurechenbare *Leistungsverhalten* und *individuelle Potenzial* zu den tendenziell wichtigsten Bündeln an Einflussfaktoren. Ihre Bedeutung ist jedoch ein wenig geringer als beim Einkommen, während *Interaktionen* an Bedeutung gewinnen und dasselbe Niveau erreichen. Der Effekt von *Relationen* bleibt gleich, während *Karrierefeld* leicht und *Gesellschaft* deutlich an Bedeutung verliert.

Insgesamt stehen auch die Ergebnisse für den Aufstieg nicht in Widerspruch zum eingangs präsentierten Narrativ der Leistungsgesellschaft. Augenscheinlich wird aber der Aufstieg mehr von Soft- als von Hard-Facts beeinflusst. Interaktionale Austausch-Beziehungen spielen eine etwas größere Rolle als beim Einkommen, insbesondere ein guter Draht zur Führungskraft (LMX-Beziehung).

Des Weiteren zeigt sich, dass einige der kaum beeinflussbaren personalen und situativen Faktoren (z. B. *Intelligenz* und *Arbeitsmarkt und Konjunktur*) an Bedeutung verlieren. Die Aufwärtsmobilität scheint demnach individuell stärker beeinflussbar zu sein als das Einkommen, und zwar insbesondere durch eine gute Passung mit den Arbeits- und Vorgesetztenerwartungen. Aber auch klar dem Leistungsverhalten zurechenbare Faktoren (*Job Performance* und *Geleistete Arbeitszeit)* spielen wieder eine nicht unerhebliche Rolle.

Schließlich spricht für eine größere Beeinflussbarkeit von Aufstieg auch die Tatsache, dass der Effekt des Herkunftsmilieus noch stärker in den Hintergrund tritt. Letzteres ist aus nutzenorientierter Sicht nachvollziehbar. Arbeitgebern ist die Schichtzugehörigkeit für Aufstieg und Beförderung egal, sofern Personen ins Beziehungsgefüge passen und ihre Performance stimmt. Auch das Geschlecht ist für den Aufstieg weniger relevant als für das Einkommen, aber das Vorzeichen bleibt gleich: Frauen werden – das ist die bittere Wahrheit – weniger befördert als Männer. Bei den im weiteren Verlauf des Buches noch näher thematisierten Faktoren *Persönlichkeit* und *Mikropolitik* ändert sich im Vergleich zum Einkommen nichts.

Erfolgsfaktoren für Karrierezufriedenheit (subjektive Karriere)

Zum Einstieg wieder das Gesamtbild der Erfolgsfaktoren in der bereits bekannten Darstellungsform, hier für Karrierezufriedenheit (Abbildung 9).

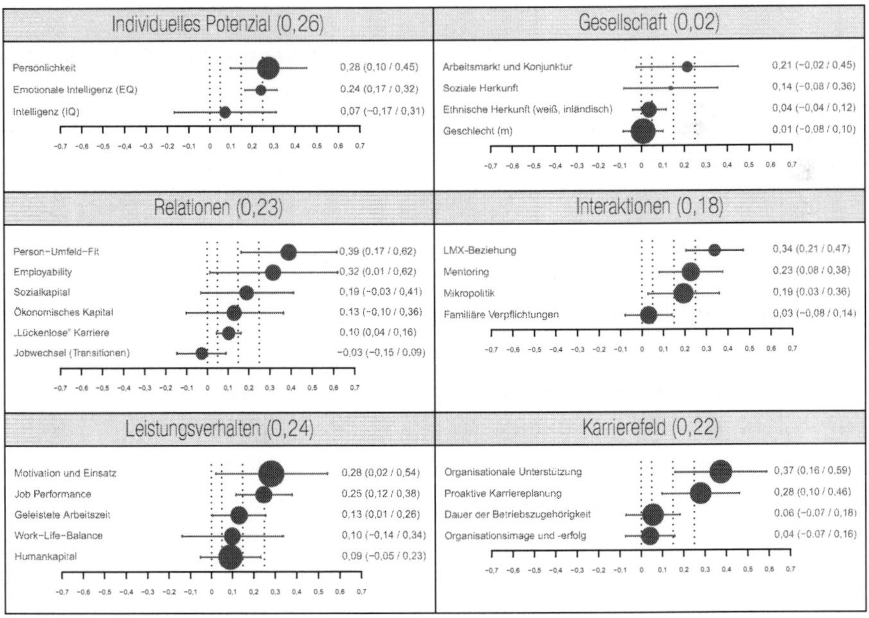

Abbildung 9: Metaanalyse – Einflussfaktoren auf Karrierezufriedenheit (subjektiver Karriereerfolg)

Hier fallen die Korrelationen bis auf die der Gesellschaft zurechenbaren Faktoren höher aus als für Einkommen und Aufstieg. Das hat teilweise methodische Gründe: Im Unterschied zu Einkommen oder Aufstieg beruhen die Angaben zum subjektiven Karriereerfolg wie der Name schon sagt auf den subjektiven Einschätzungen der betreffenden Personen. Dieser Umstand kann den beobachteten Zusammenhang etwas in die Höhe treiben. Schließlich zeigt sich, dass personenbezogene Faktoren, die weitestgehend nicht beeinflussbar sind, tendenziell am wichtigsten sind.

Bezüglich der einzelnen Faktoren kristallisieren sich drei Aspekte heraus. Erstens die Überzeugung, „am richtigen Platz zu sein", siehe den starken Effekt des *Person-Umwelt-Fit*. Zweitens ein als förderlich empfundenes soziales Umfeld: *organisationale Unterstützung*, eine positive *(LMX-)Beziehung zur Führungskraft* und in etwas geringerem Ausmaß auch direktes *Mentoring*. Drittens das Gefühl, dem Auf und Ab der Karriereachterbahn nicht hilflos ausgeliefert zu sein, wie aus den Effekten von *proaktiver Karriereplanung* und eigenem Arbeitsmarktwert (*Employability*), aber auch *Motivation und Einsatz* sowie *Job Performance* ersichtlich. Ebenso kann der Einfluss von *Mikropolitik* in diese Richtung interpretiert werden.

Des Weiteren kommt der *Persönlichkeit* im Vergleich zu den objektiven Indikatoren eine höhere Bedeutung zu, was schlüssig ist. Wie wir Erfolge oder Misserfolge innerlich verarbeiten, hängt maßgeblich von unseren Denk- und Gefühlsdispositionen ab.

Überraschenderweise macht das *Geschlecht* beim subjektiven Karriereerfolg keinen nennenswerten Unterschied. Obwohl Frauen geringeren objektiven Karriereerfolg verzeichnen, wirkt sich das offensichtlich nicht auf ihre subjektive Wahrnehmung der Karriere aus. Wie das? Die „Theorie des sozialen Vergleichs" geht davon aus, dass wir bevorzugt Informationen über uns selbst im Vergleich mit anderen ziehen, die uns generell ähnlich sind und etwa einen vergleichbaren sozialen Hintergrund aufweisen.[23] Frauen vergleichen sich daher eher mit Frauen als mit Männern. Hinzu kommt, dass traditionelle Erfolgsmaße wie Einkommen oder Aufstieg für Frauen unter Umständen nicht den gleichen Stellenwert haben wie für Männer. Auch darin

---

[23] Festinger 1954.

könnte ein Selbstschutzmechanismus gegen Enttäuschung aufgrund von Chancenungleichheit liegen.

Der positive Zusammenhang von *sozialer Herkunft* mit Karrierezufriedenheit ist einerseits plausibel, basiert allerdings auf nur wenigen Studien und ist mit hoher Unsicherheit behaftet. Zu beachten ist der relativ hohe Wert für *Arbeitsmarkt und Konjunktur*. Es scheint so zu sein, dass die allgemeine wirtschaftliche Lage und die damit verbundenen Karriereaussichten stark auf das persönliche Erleben der eigenen Karriere und ihrer Zukunft abfärben (vgl. dazu auch Kapitel 10).

Fazit

Zur Erklärung von Einkommen, Aufstieg sowie subjektivem Karriereerfolg haben wir 26 Einflussfaktoren aus sechs verschiedenen Bündeln untersucht. Das führte insgesamt zu 78 Korrelationen, was es schwermacht, den Wald vor lauter Bäumen zu sehen. Johann Wolfgang von Goethe lässt in „Faust" seinen Mephisto sagen: „Der ganze Strudel strebt nach oben: Du glaubst zu schieben, und du wirst geschoben!" Es stellt sich abschließend wohl zurecht die Frage, ob wir schieben oder geschoben werden. Was folgt aus den umfassenden und zunächst groben Befunden der Metaanalyse, wie sehr haben wir unsere Karriere in der Hand und wo liegen Ansatzpunkte zu ihrer Beeinflussung?

Betrachten wir zunächst Faktoren mit geringer Relevanz für den Karriereerfolg entlang wenigstens zweier der Erfolgsindikatoren: a) ethnische Herkunft, b) familiäre Verpflichtung, c) Geschlecht, d) Karriereunterbrechung, e) Organisationsimage/-erfolg, f) soziale Herkunft, g) Work-Life-Balance. Dieser Befund ist teilweise kontraintuitiv, polarisierend und tangiert gesellschaftliche Streitthemen. Wie ist er zu erklären? Karriereforschung der hier untersuchten Art konzentriert sich auf qualifizierte, gut in den Arbeitsmarkt und die Organisation eingebundene Personen. Ergo haben wir sie zuvor als „Etablierten-Forschung" charakterisiert. Soziale Ungleichheit und Diskriminierung, miserable Ressourcen und Lebenschancen von Menschen, die gesellschaftlich im Abseits stehen, kommen solcherart kaum ins Blickfeld. Um Bertolt Brecht zu paraphrasieren: Die im Dunkeln sieht die Karriereforschung nicht. Herkunft, Ethnizität, Geschlecht, Familienverpflichtungen, Arbeitslosigkeit oder die intendierte Work-Life-Balance sind vielfach vorentscheidend, wer überhaupt an Karriere-Turnieren und anderen diesbezüglichen Wettkämpfen teilnimmt oder von Vornherein ausgeschlossen ist. Daher scheint es geboten, in weiterer Folge unserer Analysen den Faktoren Geschlecht und soziale Herkunft noch einmal besonderes Augenmerk zu schenken.

Welche Faktoren(bündel) weisen bei allen drei Karriereerfolgsindikatoren zumindest knapp mittlere oder sogar starke Zusammenhänge auf? Es sind Aspekte a) des *Leistungsverhaltens* (Job Performance, Geleistete Arbeitszeit, Motivation und Einsatz), b) des *Individuellen Potenzials* (Persönlichkeit und Emotionale Intelligenz), c) der *Interaktionen* (Mentoring und Mikropolitik) und d) der *Relationen* (Person-Umwelt-Fit). Diese Größen neigen die Waagschale ein Stück in Richtung Beeinflussbarkeit objektiver und subjektiver Karrieren.

Hinsichtlich zentraler Unterschiede zwischen den beiden objektiven Karriereerfolgsindikatoren Einkommen und Aufstieg zeigt sich Folgendes. Das Einkommen wird stärker vom *Leistungsverhalten* und dem *individuellen Potenzial* sowie vom *Gesellschafts*-Faktor Arbeitsmarkt und Konjunktur bestimmt, während für die Aufwärtsmobilität speziell *Interaktionen* ausschlaggebend sind, also loyale Beziehungen zu Vorgesetzten und Entscheidungsträgern. Personen- und Situationseffekte treten demnach etwas in den Hintergrund und reziproke Austauschbeziehungen gewinnen an Stellenwert. Insgesamt, so darf man schlussfolgern, dürften wir – um an Goethes Faust anzuknüpfen – beim Aufstieg mehr schieben und beim Einkommen mehr geschoben werden.

Die Karrierezufriedenheit, also der subjektive Karriereerfolg, wird sehr stark a) vom Person-Umwelt-Fit und b) der erfahrenen interaktionalen Unterstützung durch Organisation, Vorgesetzte und Mentoring bestimmt. Der Religionsphilosoph Martin Buber (1878–1965) hat formuliert: „Es gibt kein Ich an sich, sondern nur das Ich des Grundworts Ich-Du und das Ich des Grundworts Ich-Es.“[24] Damit will er sagen, dass unser Ich ohne soziales Bezogensein gar nicht existiert. Ich-Du-Beziehungen und Ich-Es-Passungen sind

[24] Buber 2008.

auch aus dieser Sicht Schlüsselfaktoren für die subjektive Karriere. Dem folgen Faktoren, die c) für Steuerbarkeit der eigenen Karriere stehen (eigener Arbeitsmarktwert, Arbeitsmarktsituation, Motivation und Einsatz, proaktive Karriereplanung) und schlussendlich d) die Persönlichkeit, die ausschlaggebend für die psychologische Verarbeitung von Erfolgen/Misserfolgen zu sein scheint.

Zusammenfassend: Schieben und Geschobenwerden halten sich in etwa die Waage. Was können wir daher einander ins Stammbuch schreiben? *„Sei fleißig und sei loyal zu deinen Vorgesetzten, vernetze dich mit anderen in vertrauensvollen Beziehungen, agiere taktisch klug, finde, was zu dir passt, hoffe auf eine gute Wirtschaftslage und sei zu guter Letzt realistisch, denn niemandes Bäume wachsen in den Himmel!"* Aber Vorsicht! Das Gesagte ist auch ein wenig zu relativieren. Unsere Metaanalyse ist ein grober Holzschnitt und liefert statistisch gemittelte Effekte zum Erkenntnisstand über Karrieren aus 50 Jahren Forschung. Nicht mehr, aber auch nicht weniger. Was fehlt, ist die Tiefensicht, das sind die feineren Nuancen, die unsere Karriere-Bewegungen in Raum, Zeit und Sein ausmachen. Oft haben kleine Lebenserfahrungen eine große Wirkung. Die lässt ein derartiger Holzschnitt nicht zutage treten. So belegt etwa eine Langzeitstudie der Entwicklung von 700 hawaiianischen Kindern, dass trotz widrigster Lebensumstände (Hunger, Vernachlässigung, alkoholkranke Eltern etc.) ein knappes Drittel einen günstigen Karriereverlauf schaffte. Diese Kinder hatten zumindest einen Menschen, der halbwegs an ihrer Seite stand.[25] Wir müssen also in den nachfolgenden Kapiteln noch mehr ins Detail gehen, um unser Bild von Karrieren zu verfeinern.

Eine Beschränkung unserer Achterbahn-Metapher ist die Annahme, wir seien auf festgefahrenen Karrierebahnen unterwegs. Einmal eingestiegen, gibt es kein Lenkrad und es geht nach fremdem Rhythmus wild auf und ab in fast jede erdenkliche Richtung. Dem Philosophen Arthur Schopenhauer (1788–1860) wird aufgrund seines pessimistischen Menschenbildes folgendes Zitat zugeschrieben: „Der Mensch kann zwar tun, was er will, aber er kann nicht wollen, was er will".[26] Dieser Standpunkt steht im krassen Widerspruch zur

25 Werner 1993.

26 Schopenhauer 1978.

Willensfreiheit. Den Erfolgreichen würde – folgte man seiner Sicht – der Stolz auf das persönlich Geleistete und den Erfolglosen die Hoffnung auf Veränderung genommen. Unsere Analysen zeigen jedenfalls, dass wir in Bezug auf Karrieren insgesamt doch mehr in der Hand zu haben scheinen, als viele von uns vielleicht glauben. Dabei spielt insbesondere das *Leistungsverhalten* eine nicht unerhebliche Rolle.

Aber selbst wenn es kein solches Lenkrad gäbe, wenn es sich dabei also um eine intersubjektiv konstruierte Illusion handelte, weil unser Leistungspotenzial durch lebensgeschichtliche Unwägbarkeiten oder schlicht von der chromosomalen Lotterie bestimmt wird, ist die Annahme von Willensfreiheit unabdingbar für Karrieren. Würde man sie ad acta legen, wären dem Fatalismus Tür und Tor geöffnet. Schlimmer noch – in einer Welt, die der Philosoph Georg Lukács mit dem Diktum der „transzendentalen Obdachlosigkeit“ umschrieb, weil Religion und Gott verlorengegangen sind, würde man uns Menschen eine der noch verbliebenen zentralen Sinnbasen entziehen, nämlich unser Leben proaktiv zu gestalten und aus uns selbst ein Projekt zu machen.[27]

Wir werden also im nächsten Schritt unsere Analysen entsprechend verfeinern. Das tun wir auf Basis unterschiedlicher Forschungsergebnisse, v. a. aber anhand einer Langzeitstudie im Rahmen unseres ViCaPP-Projekts (s. Anhang). Diese Daten haben wir in den letzten 25 Jahren erhoben. Es geht um Karrieren von Menschen mit abgeschlossenem Wirtschaftsstudium, viele von ihnen in Managementfunktionen. Warum ist das von besonderem Interesse? 1. Diese Gruppe ist ziemlich homogen, sodass eine gute Vergleichsbasis gegeben ist. 2. Die Menschen in dieser Gruppe weisen aufgrund ihrer Studienwahl augenscheinlich hohe Karriereambitionen auf. 3. Im Unterschied zur Metaanalyse beziehen sich die ViCaPP- Befunde auf Vergleiche von Längsschnittdaten. Die Stichprobe besteht aus Wirtschaftsakademikerinnen und -akademikern, die zu bestimmten Zeitpunkten (1970, 1990, 2000 und 2010) ihr Studium abschlossen. Die Angehörigen jedes der betrachteten Abschlussjahrgänge fanden also vergleichbare Start- und Rahmenbedingungen vor. Anhand dieser Panelstudie analysieren wir ihre Entwicklung in den ersten zehn Karrierejahren.

---

[27] Vgl. Lukács 1920.

SCHNAPPSCHÜSSE AUS DER ACHTERBAHN: METAANALYSE VON ERFOLGSFAKTOREN

Erfolgsfaktoren für Karrieren lassen sich auf Basis der Unterscheidung von „Person-Situation" und „beeinflussbar – nicht beeinflussbar" in fünf Bündel zusammenfassen: Individuelles Potenzial, Leistungsverhalten, Gesellschaft, Karrierefeld, Relationen und Interaktionen.

→ Welche(s) dieser Bündel hat/haben für meine Karriere besondere Relevanz?

Für Einkommen und Aufstieg sowie für Karrierezufriedenheit existieren jeweils unterschiedliche Bündel von besonders wichtigen Karriereerfolgsfaktoren.

→ Welche Erfolgsfaktoren aus den jeweiligen Bündeln sind für meine objektive und subjektive Karriere besonders wichtig, wo habe ich spezielles Entwicklungspotenzial?
→ Gibt es Erfolgsfaktoren, die ich bis jetzt noch kaum beachtet habe?

Aspekte des individuellen Potenzials, Leistungsverhaltens, der Interaktionen und der Relationen spielen für alle drei Arten des Karriereerfolgs – Einkommen, Aufstieg und Karrierezufriedenheit – eine zentrale Rolle.

Für Einkommenssteigerung sind Leistungsverhalten, individuelles Potenzial sowie Arbeitsmarkt und Konjunktur von besonderer Bedeutung; für Aufstieg gute Interaktionen mit Schlüsselpersonen; für Karrierezufriedenheit die Passung mit der Umwelt sowie Unterstützung durch Vorgesetzte und die Organisation sowie die wahrgenommene Beschäftigungsfähigkeit.

Fragen, die wir uns in der Reflexion unserer Karriere stellen können:

→ Gibt es auch in meiner Karriere solche Faktoren, die für all das eine Rolle spielen, und wenn ja, welche sind das?
→ Wie (sehr) kann ich diese umfassend wirkenden Faktoren beeinflussen?

Bevor wir uns einzelnen Faktoren vertieft zuwenden, betrachten wir die spezifischen österreichischen bzw. deutschen Karrierekontexte, wie sie für die einzelnen Abschlussjahrgänge im jeweiligen Zeitraum typisch waren. Das ist insofern von Bedeutung, als Karriere immer Karriere im Kontext ist und wir die Spezifika von Karrieren und ihre Veränderung über die Zeit besser verstehen können.

Kapitel 5:

Von der Hochschaubahn zum Hypercoaster: Karrierekontexte über vier Jahrzehnte

Johannes Steyrer

Karrieren sind immer Karrieren im Kontext. Erst die Kenntnis der jeweiligen gesellschaftlichen Entwicklungen erlaubt es, Ergebnisse aus der Karriereforschung zu einem stimmigen Bild zusammenzufügen. Daher sehen wir uns jetzt schlaglichtartig die für das weitere Verständnis unserer ViCaPP-Ergebnisse wichtigen vier Kohorten im Zeitverlauf von 50 Jahren an. Bei der Interpretation unserer nachfolgenden Befunde werden wir immer wieder darauf Bezug nehmen.

1970er-Jahre: Ölpreisschock, Hierarchie und Wertewandel

In der Nachkriegsära prosperiert die Wirtschaft und wächst bis zu acht Prozent pro Jahr. Es herrscht Arbeitskräftemangel. 1973 folgt der Ölpreisschock. In nur einem Jahr verdreifachen sich die Preise. Damit findet die Boom-Phase ihr jähes Ende und eine Rezession lässt die Arbeitslosigkeit in Deutschland bis Mitte der 1980er Jahre auf über neun Prozent klettern.

Unternehmen sind meist funktional strukturiert (z. B. Produktion, Vertrieb, Verwaltung). Die sogenannte Linie garantiert hierarchische Über- und Unterordnung sowie klare Macht- und Entscheidungsstrukturen. Die Führung ist paternalistisch (wer fleißig und loyal ist, wird belohnt bzw. behalten) und hierarchisch zugleich (Oben fordert – Unten liefert, Oben fragt – Unten antwortet, Oben klagt an – Unten rechtfertigt sich).

Jedes Schriftstück muss händisch in die Schreibmaschine getippt werden. Die Arbeitsprozesse sind von einem Hin- und Herreichen mit langen Liegezeiten an den Schnittstellen gekennzeichnet. Oberste Priorität hat die körperliche Anwesenheit vor Ort, was oft mit Leistung gleichgesetzt wird. Und: Am Arbeitsplatz kann man überall rauchen. Der PC ist noch nicht erfunden bzw. auf dem Markt. Meist beschränkt sich die Elektronische Datenverarbeitung (EDV) auf standardisierte Operationen, z. B. auf die Lohnverrechnung, und sie wird von zentralen Großrechnern gemacht. Software muss mühsam und kostenintensiv individuell entwickelt werden.

Während für die meisten die Arbeitswelt ziemlich stabil ist, kommt es auf gesellschaftlicher Ebene zum Aufbrechen tradierter Werte. Der Wertewandel hinterlässt nachhaltige Spuren, denn der Nachkriegs-Materialismus mit seiner Betonung von Wohlstand und Sicherheit verschiebt sich innerhalb weniger Jahre in Richtung post-materieller Lebensqualität. Andere diagnostizieren einen Übergang von „Pflicht- und Akzeptanzwerten" (z. B. Fleiß und Gehorsam) zu „Selbstentfaltung". Den Menschen erscheinen ihr Einkommen und Verdienst weniger wichtig als davor, gleichzeitig erhöht sich ihr Interesse an Eigenverantwortung, Ideenverwirklichung, Abwechslung und Sozialkontakten. Noch viel dramatischer ändert sich die Sexualmoral. Finden 1967 noch 43 Prozent der Männer und 65 Prozent der unverheirateten Frauen in Deutschland, dass es zu weit ginge, wenn ein „Mädchen oder Mann unverheiratet zusammenleben", hat sich dieser Anteil sechs Jahre später auf fünf bzw. zwei Prozent reduziert.[28]

In den Führungsetagen sitzt die „Nachkriegs-Generation" (1945–1955 geboren) und langsam treten die ersten „Baby-Boomer" (1956–1965) in den Arbeitsmarkt ein. Auch damit geht ein Wandel einher, weg vom gehorsamen Pflichterfüllen autoritärer Vorgaben in Richtung Individualismus und Autonomie, sodass man mehr Partizipation und Teilhabe einfordert.

Hinsichtlich Karriere bieten viele Konzerne planbare Laufbahnen oder lebenslängliche Anstellung. Die beste Metapher für Karrieren in dieser Zeit ist wohl die Leiter. Die Ehrgeizigen und Tüchtigen klettern nach oben, bleiben dort und werden von Achterbahnfahrten weitgehend verschont. Weniger Ambitionierte oder Tüchtige sind weiter unten. Aber selbst ihnen bleibt der Fall ins Bodenlose meist erspart. Wer einen akademischen Abschluss zustande bringt, darf damit rechnen, bezüglich Einkommen und sozialer Sicherheit auf den mittleren und oberen Sprossen dauerhaft zu verweilen.

1990er-Jahre: Globalisierung, Digitalisierung und Empowerment

Mauerfall, Ende des kalten Krieges, neue Märkte in Osteuropa. Digitalisierung und Globalisierung nehmen Fahrt auf. Der Neoliberalismus leitet umfassende Deregulierungen und Entstaatlichungen ein. 1993 wird der europäische Binnenmarkt eingeführt. China und andere „emerging economies" treten in den Weltmarkt ein. Bis auf eine Rezession 1993 gibt es in Deutschland ein solides Wachstum. Gleichzeitig aber ist die Arbeitslosigkeit relativ hoch und beträgt gegen Ende des Jahrzehnts zwölf Prozent, u. a. der Wiedervereinigung geschuldet. In Österreich liegt sie nie über sechs Prozent.

In der Wirtschaft gibt es ebenfalls deutliche Veränderungen. In den Betrieben tritt die Produktion zugunsten der Finanzwirtschaft in den Hintergrund. Der „Shareholder Value" ist in aller Munde. Als neue Steuerungsgröße wird die Kapitalrentabilität („Economic Value Added") zum Maß aller Dinge: Wo wird Wert geschaffen, wo wird Wert vernichtet? Unterneh-

[28] von Rosenstiel 1988.

men sind plötzlich kein gewachsenes Ganzes mehr, sondern Portfolios, deren Teile – je nach Marktlage – gekauft oder verkauft werden. Alles steht zur Disposition. Ein Zustand, der als „Verflüssigung von Planbarkeit"[29] charakterisiert wird.

Die Wertschöpfung verlagert sich dorthin, wo die Standortvorteile am größten sind. Outsourcing, Desinvestition und Joint Ventures stehen an der Tagesordnung. Hektische Reorganisationen, Zu- und Verkäufe prägen das Geschehen. „Change-Management" wird zum Schlagwort, vielfach überantwortet an externe Berater, die neue Messlatten anhand von „global best practices" und „Benchmarks" vorgeben. So verschiebt sich die Deutungshoheit darüber, was Leistung ist, mehr und mehr nach außen.

„Lean-Management" ist die Reaktion auf vernichtende Effizienzwerte US-amerikanischer und europäischer Autobauer mit ihren arbeitsteiligen Fließbändern und Kommandostrukturen im Vergleich zu japanischen Herstellern.[30] Seine Prinzipien prägen bis heute die industrielle Fertigung: flache Hierarchien, Delegation von Verantwortung, Problemlösen in Teams, rasches Reagieren auf Marktänderungen, Kundenorientierung, permanente Qualitätsverbesserung und Qualitätskontrolle sowie geringe Lagerhaltung. Parallel dazu die Ermächtigung bzw. das „Empowerment" der Mitarbeitenden, deren schöpferisches Potenzial erkannt und zur Entfaltung gebracht werden soll. Verantwortung wird delegiert, gleichzeitig aber auch die Daumenschraube auf allen Ebenen durch enge Zielvorgaben angezogen.

Die Digitalisierung ermöglicht eine weitere Management-Revolution. 1993 wird „Business Process Reengineering" erfunden, das ein fundamentales Neugestalten von Geschäftsprozessen verspricht.[31] In den alten funktionalen Silo-Strukturen ist die Wertschöpfung in zahlreiche kleine Arbeitsschritte zerlegt. Wegen vieler Schnittstellen kommt es zu langen Durchlaufzeiten. Mithilfe der IT kann nunmehr die ganze Prozessverantwortung ganzheitlich auf Teams übertragen werden.

In den Chefetagen werden produktorientierte Fachleute durch neue Managertypen ersetzt. Junge, dynamische, ehrgeizige und international ausgebildete

29 Giddens 1990.

30 Womack, Roos und Jones 1990.

31 Hammer und Champy 1993.

Betriebswirte – meist Baby-Boomer – übernehmen die Macht. Sie haben zweierlei zu gewährleisten: die harten US-amerikanischen Managementmethoden, Renditen und Wettbewerbsfähigkeit, durchzusetzen und gleichzeitig Sinn durch Visionen, ja ihr Charisma zu vermitteln. Plötzlich sind „Transformationale Führung", vorgelebte Werte und stimulierende Motivation angesagt.[32]

Karrieren bleiben von all dem nicht verschont. Niemand sitzt mehr auf gesicherten Stühlen. Selbst Top-Manager müssen gehen. Auf unteren Ebenen kündigt sich an, was nach der Jahrtausendwende noch deutlicher hervortreten wird: Zeitarbeit, geringfügige Beschäftigung, unsichere Arbeitsplätze. So überantworten Globalisierung, Digitalisierung und Deregulierung die Risiken verstärkt auf den Einzelnen. Planbarkeit und Sicherheit gehen verloren. Von der „Risikogesellschaft" ist die Rede, in der Karrieren potenziell zu unkalkulierbaren Achterbahnen werden.[33]

2000er-Jahre: DotCom-Ende, Internet und Prekarisierung

Terroranschlag auf das World Trade Center (2001), dann Krieg in Afghanistan und im Irak. Internet und Mobiltelefone lösen eine Aufbruchsstimmung aus. Startups in der New Economy sind die Folge. Bis die sogenannte Dotcom-Blase 2000 platzt. Anleger, die in die Zukunftstechnologien investiert haben, stecken herbe Verluste ein. Dem folgt eine zweijährige Rezession. Mitte des Jahrzehnts steigt die Arbeitslosigkeit in Deutschland trotz des hohen Wirtschaftswachstums auf ein Rekordhoch mit 4,8 Millionen Betroffenen (zum Vergleich: Anfang 1990 lag sie bei 2,6 Millionen). Die berüchtigten Hartz-Reformen reduzieren das Arbeitslosenentgelt und ihre Anspruchsdauer. Das wird von vielen als Ende des Sozialstaats empfunden. In Österreich gibt es Vergleichbares nicht.

In Unternehmen wird das umgesetzt und verfestigt, was in den 1990er-Jahren zum Durchbruch gekommen ist. Neu ist der Fokus auf Netzwerke und Virtualität. Das Internet macht Formen der Zusammenarbeit möglich, in denen räumliche Distanz keine Rolle spielt. So wird das globale Dorf zur Realität.

---

32 Bass 1990.

33 Beck 1986.

Begleitet ist all dies mit einer Zunahme „prekär" und „atypisch" Beschäftigter. Das „Prekariat" repräsentiert die neue Unterschicht: Geringe Ausbildung, niedriges Einkommen, kein Kündigungsschutz, kaum Sozialversicherung, hohes Arbeitslosigkeitsrisiko. Es sind also Modernisierungsverlierer, deren Arbeit wenig Ansehen, niedrige Relevanz und keine Zukunft hat. In Deutschland verdoppelt sich ihr Anteil zwischen 2003 und 2007 und beinahe jede vierte Person wird zwischen 2009 und 2016 in mindestens fünf dieser acht Jahre davon betroffen sein.[34] Gleichfalls nehmen atypische Beschäftigungen wie Teilzeit, Minijobs, Befristungen, Leiharbeit zu. Heute betreffen sie rund sieben Millionen Menschen in Deutschland.[35]

In Sachen Karrieren gehen Planbarkeit und Sicherheit weiter verloren. Viele Menschen existieren in einem Schwebzustand zwischen Bangen vor Abstieg, Armut, Abkopplung und Hoffen auf Aufstieg, Wohlstand und Integration. Sinnbildlich könnte man sagen, das „Tack, Tack, Tack" auf der Achterbahn, bevor es abwärtsgeht, bestimmt das alltägliche Lebensgefühl der Menschen: „Du fängst immer wieder bei null an, du musst dich jeden Tag beweisen."[36]

2010er-Jahre: Agilität, Plattform-Giganten und Werte-Restauration

Im September 2008 geht mit „Lehman Brothers" die viertgrößte Investmentbank der USA in Konkurs. Mehr als 600 Milliarden Dollar sind abzuschreiben, rund das Anderthalbfache des österreichischen Bruttosozialprodukts. Eine Weltfinanzkrise bricht aus und schwappt auf Europa über. Dem folgt die Eurokrise mit zahlreichen Rettungsschirmen. Mitte des Jahrzehnts sorgt die Migration in Europa für Mitgefühl und Angst zugleich.

Smartphones und Tablets ergänzen die stationären PCs. Für viele gehören Postings, Likes und Kommentare auf Twitter und Facebook zum Alltag. Via Internet bewegen sich Menschen zusehends in „Filterblasen" und „Echokam-

---

[34] Stuth 2021.

[35] Destatis 2021.

[36] Sennett 2006.

mern" [37], was die demokratische Willensbildung verzerrt und uns Frust- bzw. Hetztiraden am digitalen Facebook-Stammtisch beschert.

Trotz Krisen ist es ein Jahrzehnt ohne Rezession. Die Arbeitslosigkeit fällt in Deutschland von fast fünf auf knapp unter zwei Millionen. Es gibt halbwegs Wachstum, Staatsüberschüsse und kaum Inflation.

In den Unternehmen wird agile Führung zum neuen „Gutwort" im Management. Viel alter Wein in neuen Schläuchen, wie z. B. Selbstorganisation, Empowerment, Vernetzung, aber all das gepaart mit Flexibilität und Agilität (Beschleunigung). Das Grundkonzept kommt nicht von ungefähr aus der Software-Entwicklung. Zu den zwei zentralen Erfolgsgrößen Preis und Qualität kommt nämlich als dritte die *Zeit* hinzu. Die Produktlebenszyklen werden immer kürzer, überall nimmt Komplexität zu und die Zeit für solides Entscheiden ab. Die Möglichkeiten wachsen schneller als der Effizienzgewinn.

Wirklich epochal sind auch Umbrüche bei den Global Players. Gehörten 2003 zu den weltweit zehn größten Unternehmen noch Giganten der Old Economy wie General Electric, Exxon Mobile, Citigroup oder Wal-Mart (Elektro-/Ölbranche, Banken und Handel), so fallen diese 2020 allesamt aus dem Top-Ranking. Sie werden abgelöst von Apple, Amazon, Alphabet und Facebook.

Mittlerweile sind auch die Kinder der Baby-Boomer im Arbeitsmarkt – Generation Y genannt (1981–1995 geboren). Insbesondere bei ihnen zeigt sich, dass der Wertewandel aus den 1970ern keine entsprechende Fortsetzung gefunden hat. Eher kommt es zu einem Revival des Materiellen. Heute sind Menschen sowohl materialistisch als auch post-materialistisch eingestellt. „Entgelt" und etwas „Erreichen-Wollen" werden wichtiger, gleichzeitig nimmt die Bedeutung der Arbeit ab und die von Freizeit zu.[38] In der „Erlebnisgesellschaft"[39] wird die individuelle Gestaltung eigener Lebensentwürfe zum bestimmenden Leitmotiv. Dabei geht es weniger um schöpferische Individualität als um das Ausleben kostspieliger und vom Markt vorgegebener Lifestyles, Trends und Moden. Die Devise lautet – überspitzt formuliert – nicht Relax statt Rolex, sondern Relax plus Rolex.

---

37 Pariser 2011.

38 Aichholzer, Friesl, Hajdinjak, und Kritzinger 2019.

39 Schulze 1992.

In Hinblick auf Karrieren kommt es auf der Makroebene zu einer Konsolidierung. Prekarisierung und atypische Beschäftigte stagnieren oder gehen zurück. Auch die Warnung vor „arbeitslosen Akademikern" entpuppt sich als Schreckgespenst. In Deutschland weisen zum Ende des Jahrzehnts 22 Prozent der Arbeitskräfte einen akademischen Abschluss auf. Sie werden gut vom Arbeitsmarkt aufgenommen, weil sich der Trend zur Höherqualifizierung ungebrochen fortsetzt. Zudem gibt es in einigen Branchen erste Besetzungsengpässe.[40] Auf der Mikroebene von Karrieren setzt sich allerdings die „Entstandardisierung von Lebensläufen" kontinuierlich fort.[41] Erwerbsbiografien und Lebensläufe werden volatiler, Leistungsdruck und kompetitive Selektion am Arbeitsplatz nehmen weiter zu. Auf den Achterbahnen also mehr Kreuzungen, mehr Auf und Ab, mehr Tempo und atemlose Höchstgeschwindigkeit.

SCHNAPPSCHÜSSE AUS DER ACHTERBAHN: KARRIEREKONTEXTE ÜBER VIER JAHRZEHNTE

Die jeweiligen Kontexte, in die wir hineingestellt sind, tragen massiv zu Möglichkeiten und Grenzen für individuelle Karrieren bei.

1970er-Jahre: planbare Laufbahnen, viele haben eine lebenslängliche Anstellung, Karrieren als Leiter in hierarchische/funktionalen Unternehmen.

1990er-Jahre: Risikogesellschaft, mehr Zeitarbeit und geringfügige Beschäftigung, unsichere Arbeitsplätze, Karrieren werden zur Achterbahnfahrt.

2000er-Jahre: Die Entstandardisierung von Lebensläufen nimmt zu, Planbarkeit und Sicherheit gehen verloren. Individuen werden selbst für ihre Karriere verantwortlich und weniger ihr Arbeitgeber.

2010er-Jahre: Der Trend zu Höherqualifizierung setzt sich fort, die Prekarisierung stagniert, erste Besetzungsengpässe am Arbeitsmarkt. Dennoch bleiben Berufsverläufe volatil und wenig vorhersagbar.

---

40 Statistik der Bundesagentur für Arbeit 2019.

41 Wirsching 2009.

Fragen, die wir uns in der Reflexion unserer Karriere stellen können:

- → Was sind die Auswirkungen des Kontexts, in dem ich meine Karriere begonnen habe und derzeit verfolge?
- → Gibt es bestimmte Aspekte des Kontexts, die ich für besonders förderlich oder hinderlich betrachte? Wie will ich damit in Zukunft umgehen?

Die hier beschriebenen Kontexte bilden gemeinsam mit den Ergebnissen der Metaanalyse und dem entwickelten Verständnis von Karrieren und ihrer zentralen Perspektiven die Grundlage für die kommenden Kapitel. Wir setzen uns dabei jeweils mit einem zentralen Faktor auseinander und starten mit Faktoren, die im Person-Situation-Kontinuum stärker am Pol „Person" angesiedelt sind.

Kapitel 6:

Nichts für schwache Nerven. Die Rolle von Persönlichkeit

Johannes Steyrer/Markus Latzke/Marco Rapp

Werfen wir einen Blick auf den Management-Olymp. Zeus gleich thront dort ein Mann, der Amazon gründete, die Cloud vermaß, Raketen ins All befördert und Rudolph dem Rentier das Fürchten lehrt: Jeff Bezos. Das Focus-Magazin weiß zu berichten, dass ihn vor allem Kreativität und Hartnäckigkeit auszeichnen, denn die Legende besagt, „dass Bezos mit drei Jahren mithilfe eines Schraubenziehers sein Gitterbettchen zerlegt. Er will endlich in einem Big-Boy-Bett schlafen". Außerdem wird auf Parallelen zwischen ihm, Steve Jobs (Apple) und Larry Ellison (Oracle) verwiesen. Alle drei wurden als Kinder adoptiert. Zufall oder die Basis für deren kompensatorische Höchstleistungen? Unsere Metaanalyse hat gezeigt, dass die Persönlichkeit für den objektiven Karriereerfolg von schwacher Relevanz ist. Beim subjektiven Karriereerfolg lag eine starke Beziehung vor. Gehen wir ins Detail, schauen wir in die Tiefe. Was sagen unsere ViCaPP-Langzeitbefunde?

Big Five und der Karriereerfolg in der Gesamtbevölkerung

Die Persönlichkeit beschreibt das relativ stabile Muster von Verhaltensweisen, Gedanken und Emotionen eines Menschen, die er in unterschiedlichen Situationen zeigt. Lange Zeit war sich die Forschung uneins, was eine normale Person charakterisiert. Ende der 1980er Jahre kam der Durchbruch. Es gelang der Nachweis, dass es unabhängig vom Test, der statistischen Methode, der Stichprobe oder vom Kulturraum fünf robuste Faktoren gibt:[42] 1. *Emotionale Stabilität* (ausgeglichen, entspannt, gelassen) bzw. als Gegenteil *Neurotizismus*, 2. *Extraversion* (gesprächig, unternehmungslustig, gesellig), 3. *Offenheit für neue Erfahrungen* (einfallsreich, intellektuell, sensibel für Ästhetik), 4. *soziale Verträglichkeit* (gutmütig, freundlich, kooperativ) und 5. *Gewissenhaftigkeit* (sorgfältig, zuverlässig, genau).

Diese Faktoren werden auch die *Big Five* genannt. Bezüglich Karrieren zeigt sich, dass sich *Neurotizismus (geringe emotionale Stabilität)* und *soziale Verträglichkeit* schwach negativ auf das Einkommen und auf Aufstieg auswirken. *Extraversion, Gewissenhaftigkeit* und *Offenheit für neue Erfahrungen* weisen hingegen einen positiven, aber ebenfalls schwachen Einfluss auf das Einkommen und den Aufstieg auf.[43] Labile, unsichere Menschen, die zu allen nett, höflich und entgegenkommend sind, schaffen es also eher nicht nach oben und gehören in Bezug auf objektive Karriere zu den Verlierern. Verlässliche, leutselige und kontaktfreudige Menschen zählen hingegen zu den Gewinnern.

Beim subjektiven Karriereerfolg zeigen Studien, dass es vor allem Extraversion und niedriger Neurotizismus sind, die zu einer höheren Zufriedenheit beitragen.[44] Es ist davon auszugehen, dass Personen mit emotionaler Stabilität verschiedene negative Aspekte von Jobs als weniger bedrohlich erleben als solche mit geringer emotionaler Stabilität.

Neben den *Big Five* gibt es spezifischere arbeitsbezogene Eigenschaften, die noch relevanter für Managementkarrieren sind. Anzunehmen ist etwa,

---

[42] McCrae und Costa 1985.

[43] Heslin, Mayrhofer, Schiffinger, Eggenhofer-Rehart, Latzke, Reichel, Steyrer, und Zellhofer 2019; Ng u. a. 2005.

[44] Ng und Feldman 2014.

dass die *soziale Verträglichkeit* eines Menschen für seinen Berufserfolg weniger wichtig ist als seine *Teamfähigkeit.* Wir haben daher an den fünf Persönlichkeitsdimensionen nicht grundsätzlich gerüttelt, aber diese durch beruflich relevantere Dimensionen in unseren ViCaPP-Studien ersetzt.

Von der allgemeinen zur berufsbezogenen Persönlichkeit

Nach dem US-amerikanischen Psychologen David McClelland (1917–1998) gibt es drei Antreiber im Berufsleben: 1. *Leistungsstreben* (besser sein als die Konkurrenz, Erreichen eines Zieles, Lösen von Aufgaben), 2. *Machtstreben* (Beeinflussung anderer, Menschen und Dinge kontrollieren, eine Autoritätsposition gegenüber anderen einnehmen), 3. *Soziales Streben* (von anderen Leuten gemocht werden, als Teil einer Gruppe akzeptiert sein, harmonische Beziehungen unterhalten und Konflikte vermeiden).[45]

Vor allem am Beginn der Berufslaufbahn steigen Leistungsmotivierte rascher auf und erreichen höhere Karriereplateaus als Menschen, die weniger stark nach Leistung streben. Allerdings erwies sich für höhere Sprossen auf der Karriereleiter das *Machtmotiv* als bedeutsamer.[46] Wir nehmen daher das *Leistungs-* und *Führungsmotiv* (= Machtstreben) einer Person unter die Lupe.

Um weitere stärker berufsbezogene Äquivalente heranzuziehen, haben wir die Persönlichkeitsdimensionen *Flexibilität, Mobilität, Kontaktfähigkeit, Teamfähigkeit* und *Wettbewerbsorientierung* untersucht.[47]

Im Unterschied zur *Offenheit für neue Erfahrungen* wird mit der Dimension *Flexibilität* weniger die allgemeine Bereitschaft gemessen, neue Erfahrungen einzugehen, sondern stärker die Anpassungsfähigkeit an verschiedene Arbeitsbedingungen. Zudem haben wir die Bereitschaft zur *Mobilität* abgefragt, die sich darauf bezieht, zugunsten der Karriere häufige Ortswechsel und Reisen zu akzeptieren. Die *Kontaktfähigkeit* ermittelt insbesondere die Bereitschaft, berufliche Netzwerke zu knüpfen sowie das Zugehen auf relevante Menschen und weniger eine allgemeine *extravertierte* Geselligkeit bzw. das In-

---

[45] McClelland 1961.

[46] Jacobs und McClelland 1994.

[47] Hossiep und Paschen 1998.

teresse an ereignisreichen Umwelten. Anstelle der *sozialen Verträglichkeit,* bei der es primär um verständnisvolles Wohlwollen gegenüber anderen geht, ermittelt *Teamfähigkeit* das Potenzial zur Zusammenarbeit und Kooperation. Als Kontrapunkt zur *sozialen Verträglichkeit* steht schließlich die *Wettbewerbsorientierung*, die sich darauf bezieht, inwieweit Menschen Konkurrenzkämpfe suchen und auszutragen gewillt sind.

ViCaPP-Befunde zu Persönlichkeit und Karriereerfolg im Management

Im ersten Schritt ziehen wir allgemeine Schlussfolgerungen, wie sie sich über alle Kohorten finden. Im zweiten Schritt betrachten wir, wie sich die Zusammenhänge im Zeitverlauf verändern.

Einflussfaktoren auf den objektiven Karriereerfolg

Abbildung 10 zeigt die Korrelationen zwischen Persönlichkeit und Karriereerfolg. Bei den Faktoren Einkommen und Aufstieg[48] gibt es kaum Unterschiede, bis auf die Tatsache, dass für den Aufstieg *Führungsmotivation* und *Kontaktfähigkeit* noch wichtiger sind. Das von uns ermittelte Erfolgsprofil besteht demnach aus: 1. *Führungs-* und 2. *Leistungsmotivation*, 3. *Flexibilität*, 4. *Kontaktfähigkeit*, 5. einer hohen *emotionalen Stabilität* (geringer Neurotizismus) sowie 6. *Mobilität*. Diese Faktoren haben meist eine mittelstarke bis hohe Relevanz. Dem folgen 7. die *Team-* und 8. *Wettbewerbsorientierung* mit schwachen Korrelationen. Der *Gewissenhaftigkeit* kann keine nennenswerte Bedeutung zugesprochen werden.[49]

---

48 Aufstieg wurde hier und auch in weiterer Folge als eine faktoranalytisch ermittelte Kombination aus folgenden Indikatoren operationalisiert: Anzahl unterstellter Mitarbeiter, geschätzter Anteil an Führungsaufgaben, berichtetes berufliches Aufstiegsereignis und Mitgliedschaft im obersten Führungsgremium, wobei dieser Index noch in Abhängigkeit von der Unternehmensgröße gewichtet wurde.

49 Die dargestellten Korrelationen sind nur mit einer gewissen Schätzunsicherheit verallgemeinerbar; die diesbezügliche Schwankungsbreite beträgt ± 0,06.

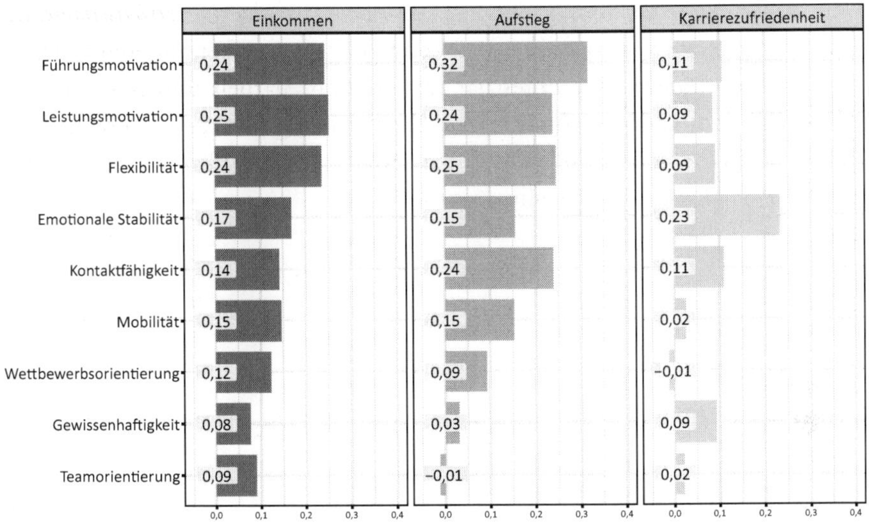

Abbildung 10: Korrelationen zwischen Persönlichkeit und objektivem sowie subjektivem Karriereerfolg

Im Management sind also Menschen gefragt, die vor allem stark führungsmotiviert sind und Freude daran haben, andere zu leiten bzw. zu beeinflussen, die Vorbild für andere sein möchten, Führungsrollen den Fachaufgaben vorziehen und eine Top-Position anstreben.

Des Weiteren hängt ihr Erfolg vom *Leistungsstreben* ab, also dem Bedürfnis, mit den eigenen Kräften an die Grenzen zu gehen, ehrgeizig zu sein, Arbeit der Freizeit vorzuziehen und andere übertreffen bzw. sich permanent auf die Probe stellen zu wollen. Wer also ins Management will, sollte sich zu lebenslanger Hochleistung verpflichtet fühlen.

Was das duale Verhältnis zwischen *Führungs-* und *Leistungsmotiv* betrifft, bestätigen unsere Ergebnisse Befunde zum sogenannten *Leadership-Motive-Pattern*, wonach vertikaler Aufstieg mit Führungsverantwortung stärker auf das *Macht-* als auf das *Leistungsmotiv* zurückzuführen ist.[50] Bloß Leistung zu erbringen, macht Menschen zwar attraktiv für Arbeitgeber, scheint aber für den hierarchischen Aufstieg nicht der wesentlichste Faktor zu sein.

50 McClelland und Boyatzis 1982.

Die dritte Facette des Erfolgsprofils ist *Flexibilität,* also z. B. sich so richtig in seinem Element zu fühlen, wenn man vor völlig unerwarteten Situationen steht. Tätigkeitsanalysen zeigen, dass es im Management praktisch nie ein verlässlich definiertes Tagespensum oder länger fokussierte Aktivitäten gibt. Stattdessen sind unentwegt kurzfristig auftretende Probleme zu lösen und Entscheidungen zu treffen. Die Arbeitszeit ist stark zerstückelt, die Einzelaktivitäten sind kurz und werden immer wieder unterbrochen. Die Hälfte der Aktivitäten dauern weniger als neun Minuten und nur ein Zehntel der Tätigkeiten mehr als eine Stunde.[51]

Wer also mit unvorhergesehenen Situationen nicht umgehen kann, nicht gerne Aufgaben verfolgt, die schnelles Handeln verlangen, wer exakte Handlungsanweisungen braucht und althergebrachte Trampelpfade gegenüber Wandel und Anpassung bevorzugt, ist im Management tendenziell nicht am richtigen Platz.

In dieselbe Stoßrichtung lässt sich auch ein anderer Befund interpretieren, nämlich die zunächst überraschende Tatsache, dass für Managementkarrieren die *Gewissenhaftigkeit* kaum von Bedeutung zu sein scheint. Perfektion, Sorgfalt und Genauigkeit würden demnach also nicht zum Management-Erfolgselixier gehören.

Allerdings ist das zu relativieren, weil unsere Stichprobe im Vergleich zur Durchschnittsbevölkerung von vornherein höhere *Gewissenhaftigkeitswerte* aufweist. Daraus ließe sich folgern, dass die genannten Tugenden zur Eingangsvoraussetzung ins Management gehören und daher kein spezieller Erfolgsfaktor mehr sind, da Personen in diesem Bereich eine ähnlich hohe Gewissenhaftigkeit zeigen. Plausibel ist auch die Interpretation, dass im Management Akribie, Präzision und Akkuratesse weniger bedeutsam sind als beispielsweise in einer Technikerfunktion. Im Management geht es eher darum, Muster zu erkennen und daraus allgemeine Schlüsse zu ziehen. Das verzeiht fehlende Aufmerksamkeit für das Detail. Hingegen hat die Statik-Berechnung eines Betonbrücken-Verbundträgers absolut exakt zu sein.

Schließlich kommt zu dem von uns ermittelten Erfolgsprofil als vierter Faktor die *Kontaktfähigkeit* hinzu. Dieses Ergebnis bestätigt zunächst den Befund aus der Führungsforschung, dass *Extraversion* hoch positiv mit der Verantwor-

---

[51] Mintzberg 1973; siehe auch neuere Studien, z. B. von Porter und Nohria 2018.

tungsübertragung einer Führungsrolle korreliert.[52] Führung und Management – so die Erklärung – bestehen größtenteils aus „Kommunikation". Laufend sind Anfragen zu beantworten, Informationen zu geben und Aufträge zu erteilen. CEOs verbringen 85 Prozent ihrer Arbeitszeit mit anderen Menschen, Besprechungen füllen 60 Prozent der Zeit aus. Der verbleibende Rest besteht aus Telefongesprächen, (Video-)Konferenzen oder öffentlichen Auftritten.[53] Daraus ist nicht nur ersichtlich, dass Management eine sehr kommunikationsintensive Tätigkeit ist, sondern auch, dass der Schwerpunkt auf mündlicher Kommunikation liegt. Wem es schwerfällt, auf Menschen zuzugehen, wer zwischenmenschliche Kontaktprobleme hat, zurückhaltend und introvertiert ist, passt nicht in eine Funktion, wo grundsätzlich das Gegenteil erforderlich ist.

Wie lässt sich aber das Ergebnis erklären, dass *Teamfähigkeit* zwar für das *Einkommen* von (schwacher) Relevanz ist, aber mit dem *Aufstieg* und der *Führungsverantwortung* überhaupt nicht korreliert? Wir haben ja die *Teamfähigkeit* als stärker arbeitsbezogenen Ersatz für die Dimensionen *soziale Verträglichkeit* aus den Big-Five erhoben, weil wir uns hier eine höhere Wirksamkeit erwartet haben.

Was charakterisiert teamorientierte Menschen? Sie kommen vor allem in Gruppen zur Entfaltung, brauchen und suchen die Unterstützung anderer, wollen nicht allein arbeiten und sind der Überzeugung, dass die meisten Probleme am besten im Team zu bewältigen sind. Es handelt sich also um Menschen, die gerne und gut mit anderen kooperieren, aber auf der Karriereleiter schwerer nach oben gelangen. Ableiten könnte man daraus, dass es weniger die Teamplayer sind, die in der Hierarchie vorwärtskommen, sondern eher die gestaltungswilligen, gruppenunabhängigen Einzelkämpfer.

Schließlich bestätigen unsere Ergebnisse, dass ängstliche, wenig stressresistente und entmutigte Persönlichkeiten im Management tendenziell Schiffbruch erleiden. Dies scheint allerdings in einem geringeren Ausmaß als vielleicht erwartet zu geschehen, da wir nur eine schwache (Aufstieg) bis mittelstarke negative Korrelation (Einkommen) mit dem objektiven Karriereerfolg ermitteln konnten. Aber auch das ist zunächst der Tatsache geschuldet, dass unsere Stichprobe im Vergleich zur Normalbevölkerung eine höhere *emotionale Stabilität* aufweist.

52 Judge, Erez, Bono und Thoresen 2002.

53 Bandiera, Guiso, Prat und Sadun 2011.

Durch diese positive Selbstselektion manifestieren sich etwaige Erfolgsunterschiede weniger drastisch. Aber so viel ist trotzdem zu sagen: Der permanente Variationsmodus einer Managementfunktion überfordert und verängstigt neurotizistisch veranlagte Individuen. Wer die fehlende äußere Sicherheit nicht durch innere zu ersetzen vermag, ist im Management fehl am Platz.

Die verbliebenen drei Faktoren *Mobilität*, *Team-* und *Wettbewerbsorientierung* scheinen einen eher geringen Einfluss auf unsere Karriereverläufe zu nehmen. Nachdem sich bei diesen Persönlichkeitsdimensionen interessante Veränderungen im Zeitverlauf zeigen, gehen wir an späterer Stelle nochmals genau auf deren Effekt ein.

Gibt es nennenswerte Unterschiede bei den Erfolgsvoraussetzungen zwischen Männern und Frauen? Nein – es zeigt sich, dass das Erfolgsprofil für beide Geschlechter gilt. Bei dem von uns ermittelten Profil dürfte es sich also um eine konsistente und geschlechterunabhängige Karrierevoraussetzung im Management handeln.

Ein Kontrastgruppenvergleich beantwortet die Frage, um wieviel Prozent das Einkommen bei denjenigen höher ausfällt, bei denen das jeweilige Merkmal sehr stark ausgeprägt ist – die oberen 25% – im Vergleich zu jenen 25% mit der geringsten Ausprägung (vgl. Abbildung 11).

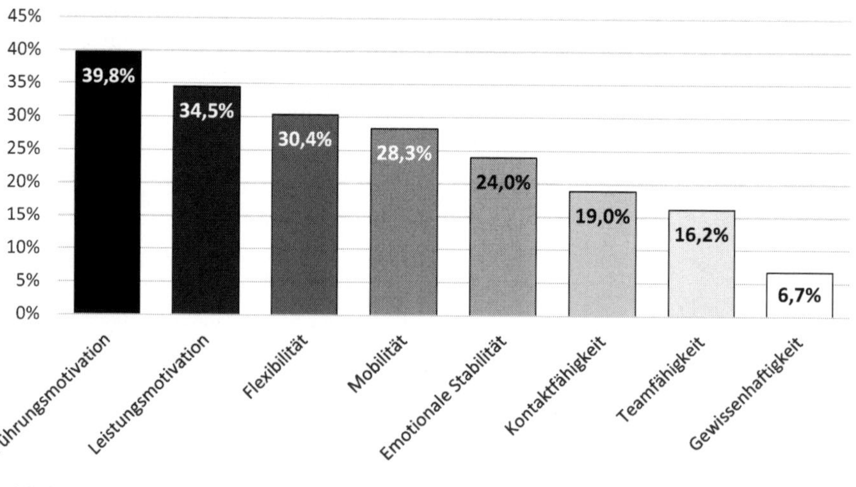

Abbildung 11: Einkommensdifferenz beim oberen und unteren Viertel der Merkmalsausprägungen

Am deutlichsten zeigt sich der Unterschied bei der *Führungsmotivation.* Das oberste Viertel der Führungsmotivierten verdient um 40% mehr als das unterste Viertel. Das durchschnittliche Brutto-Jahresgehalt von ganzjährig vollzeitbeschäftigten Wirtschaftsakademikern in Deutschland beträgt zurzeit rund 68.000 Euro.[54] Das ergibt eine Bandbreite zwischen diesen Kontrastgruppen von rund 27 000 Euro pro Jahr. Bezogen auf das Lebenseinkommen ist bei rund 40 Berufsjahren davon auszugehen, dass in etwa eine Million Euro auf dem Spiel stehen. Die ermittelten Unterschiede sind aber auch bei den anderen Eigenschaften alles andere als vernachlässigbar. Selbst bei der Gewissenhaftigkeit mit lediglich 6% Unterschied entsteht eine Differenz von etwa 160.000 Euro.

Schließlich haben wir eine *Dominanzanalyse* durchgeführt. Das ist ein statistisches Verfahren, das gleichzeitig alle Einflussgrößen in einen Topf wirft, sodass die relative Effektstärke unter Berücksichtigung aller Variablen vergleichbar wird. Bei einer Beschränkung auf die drei wichtigsten Faktoren zeigt sich für unsere Stichprobe Folgendes:

- → Der Einfluss von Persönlichkeit auf Einkommen wird zu 30% von der *Leistungsmotivation*, zu 21% von der *Führungsmotivation* und zu 19% von der *Flexibilität* bestimmt.
- → Der Einfluss unserer Persönlichkeit auf den hierarchischen Aufstieg wird zu 35% von der *Führungsmotivation*, zu 16% von der *Kontaktfähigkeit*, zu 15% von der *Leistungsmotivation* und zu 14% von der *Flexibilität* determiniert.

Diese Facetten sind also zu rund zwei Drittel für den Einfluss von Persönlichkeit auf unsere objektiven Karriereindikatoren maßgeblich und stehen im Einklang mit unseren Befunden aus der Metaanalyse und dem Konzept Leadership-Motive-Pattern. Für das Einkommen zählen primär Leistungswille und Anpassungsfähigkeit. Für den Aufstieg stehen das Führungsmotiv und die soziale Bindungsstärke sowie eine gewisse Anpassungsfähigkeit im Vordergrund.

[54] Nagel und Rudnicki 2022.

Einflussfaktoren auf den subjektiven Karriereerfolg

In Abbildung 10 finden sich auch die Korrelationen zwischen Persönlichkeit und dem subjektiven Karriereerfolg. Es wird deutlich, dass es primär auf die emotionale Stabilität ankommt, was im Einklang mit der bisherigen Forschung steht. Neurotische Menschen sind in Managementfunktionen überfordert, was ihre Zufriedenheitsbilanz nach unten drückt. Hinzu könnte kommen, dass diese eher dazu neigen, das Wasserglas halbleer statt halbvoll zu sehen. Das trägt zu einer pessimistischen Grundstimmung bei. Alle anderen Faktoren zeigen nur schwache Koeffizienten. Aber es zeigt sich, dass die Passung entscheidend ist: Eine extravertierte, flexible und gestaltungs- bzw. führungswillige Grundhaltung trägt zur Zufriedenheit bei.

Auch eine *Dominanzanalyse* macht deutlich, dass bei gleichzeitiger Berücksichtigung aller Variablen die Karrierezufriedenheit zu 68% von der emotionalen Stabilität bestimmt wird. Alle anderen Facetten sind im Vergleich dazu nachrangig.

Persönlichkeit und Karrieren im Zeitverlauf

Die *1970er Jahre* haben wir als eine Zeit beschrieben, in der die hierarchische Über- und Unterordnung noch dominierte. Drei Dinge fallen auf: 1. Für Aufstieg existierte schon damals dieselbe Erfolgs-Quadriga aus *Führungsmotivation, Leistungsmotivation*, *Flexibilität* und *Kontaktfähigkeit.* 2. Für das *Einkommen* zeigt sich eine Tendenz, wonach nur die *Leistungsmotivation* zählte. 3. Der Faktor *Neurotizismus/Emotionale Stabilität* spielte noch keine Rolle. Anzunehmen ist, dass der hierarchische Kontext genügend Sicherheit bot, sodass auch emotional weniger stabile Menschen im Rennen waren.

1990er Jahre: In den dazwischenliegenden 20 Jahren wurde die „Hierarchie“ runderneuert und tendenziell durch einen Typus ersetzt, der oft als *posthierarchische Organisation* beschrieben wird. Modulare Produktion, Verschlankung durch Lean Management und sich stärker selbst steuernde Teams gehörten in diesem Jahrzehnt zum Management-Mantra. An der Erfolgs-Quadriga wurde nicht gerüttelt, aber zusätzlich kamen die Faktoren *Teamorientierung* und *Wettbewerbsorientierung, Mobilität* und *emotionale Stabilität* hinzu. Wie das? Dass das Empowerment die *Teamfähigkeit* monetär belohnt, ist wenig erstaunlich. Sie ist das Schmiermittel für dezentrale Selbststeuerung. Allerdings zeigt sich, und das bleibt auch in den späteren Jahrzehnten auffällig konstant, dass die Teamplayer zwar besser verdienen, aber auf dem Weg nach oben eher auf der Strecke bleiben.

Hinzu kam, dass die *Wettbewerbsorientierung* zur Tugend avancierte. Es standen damals – wie aufgezeigt – „Economic-Value-Added" und radikales „Reengineering" an der Tagesordnung. Einer der Management-Heroes dieser Zeit, Jack Welch von General Electric, brachte das so auf den Punkt: „Fix it, sell it or close it". Gleichzeitig wurde damals auch das Schlagwort *Binnenunternehmertum*, auch *Intrapreneurship* genannt, en vogue, wonach sich Mitarbeiter so verhalten sollten, als ob sie selbst Unternehmer (Entrepreneure) wären. Durch strategische Geschäftsfelder oder Profit-Center, für die eigenständige Periodenerfolge ermittelt werden, sollte der Effizienzdruck der Märkte ins Innere der Organisation übertragen werden. Dass im Zuge dessen verstärkt die *Wettbewerbsorientierung* das Miteinander prägte, überrascht daher wenig.

Auch machten die forcierte Globalisierung sowie die Verlagerung der Wertschöpfung dorthin, wo am billigsten zu produzieren war, die *Mobilität,* also die örtliche Ungebundenheit und hohe Reisebereitschaft, erstmals zum Karriere-Erfolgsfaktor.

Schließlich begann sich das immer stärker sichtbare Effizienzstreben auch auf den Menschen zu übertragen. Als Folge dessen konnten sich entmutigte, ängstliche, also neurotische Menschen im Konkurrenzkampf nach oben immer weniger durchsetzen.

2000er Jahre: Nichts mehr Neues unter der Sonne außer vielleicht der Tatsache, dass sich insbesondere mit Bezug auf Einkommen als objektivem Karriereerfolg die Spirale gestiegener Persönlichkeitsanforderungen weiter nach oben drehte.

2010er Jahre: In der jüngsten Kohorte zeigt sich eine Radikalisierung all dessen, was sich mit dem post-hierarchischen Paradigmenwandel der 1990er Jahre ankündigte. Aber auch im Vergleich zu den 2000er Jahren kam es erneut zu einer Steigerung der Anforderungen. Wer die Tugenden *Führungsmotivation, Leistungsmotivation, Flexibilität, Kontaktfähigkeit, emotionale Sta-*

bilität und *Wettbewerbsorientierung* nicht mitbrachte, strauchelte, und zwar in einem bis dahin nie gekannten Ausmaß. Dazu einige Werte: Führungsmotivation und Aufstieg waren in der 1990er Kohorte mit 0,27 korreliert, in der 2010er war der Wert bei 0,41 (Leistungsmotivation 1990er: 0,16 – 2010er: 0,29; Flexibilität 1990er: 0,25 – 2010er: 0,31, Kontaktfähigkeit 1990er: 0,25, – 2010: 0,39). Überall zeigen die Werte also stark nach oben.

All das weist auf einen gestiegenen Selektionsdruck hin. Warum? Angebot und Nachfrage nach qualifizierten Management- und Führungsfunktionen gingen in den letzten Jahrzehnten diametral auseinander. Beispielsweise ist der Akademikeranteil in unserer jüngsten Kohorte um ein Vielfaches höher als in den 1970er Jahren, er stieg von 2% auf 11% in Österreich und von 7% auf 14% in Deutschland.[55] Ein großer Teil dieses Anstiegs ist auf die Wirtschaftswissenschaften zurückzuführen, bei denen die Zahl der Absolventinnen und Absolventen in Deutschland von 25 000 pro Jahr in den frühen 1990er Jahren auf rund 60 000 pro Jahr gestiegen ist.[56] Das ist eine Steigerung um 240 Prozent bei gleichzeitiger Abnahme der absoluten Zahl an Menschen in den entsprechenden Altersstufen. Diesem erhöhten Angebot steht zwar eine entsprechende Nachfrage gegenüber, Funktionen in ehemaligen Ausbildungsberufen werden heute verstärkt von Akademikern besetzt, aber in elitären Branchen oder höheren Hierarchieebenen ist eine Stagnation zu verzeichnen. Die flachen Hierarchien haben ganze Managementebenen obsolet gemacht. Es werden immer weniger immer wichtiger und diejenigen, die in den erlesenen Kreis aufsteigen, haben die Erfolgsvoraussetzungen deutlich akzentuierter zu erfüllen.

Zur Angebots-Nachfrage-Diskrepanz gesellt sich die Tatsache, dass heutzutage der menschliche Leistungsoutput so rasch und exakt wie nie zuvor messbar ist. Potenziellen Low-Performern wird dadurch der Zugang zu Spitzenpositionen mehr denn je versperrt. Was bei den 1970ern noch direkte Fremdsteuerung war, sich in den 1990ern als modulare Selbststeuerung gerierte, hat sich im letzten Dezennium in Richtung einer digitalen Pseudo-Autonomie weiterentwickelt. Individuen werden zwar für frei erklärt, als

55 Statistik Austria 2021; Statistisches Bundesamt 2022.
56 Weegen 2021.

solche aber auch in einem wohl kaum vorher gekannten Ausmaß bewertet und selektiert, und all das bei gleichzeitiger Zunahme indirekter Kontrolle.

Überträgt sich diese Maximalforderung in zunehmendem Maße auch auf den Menschen? Ja, denn als Folge dessen werden entmutigte, ängstliche Menschen, ja Schwächen und Unzulänglichkeiten in Führungsfunktionen noch weniger toleriert als früher. Wer heute nach oben will, hat fortwährend einwandfrei zu funktionieren und eine perfekte Figur zu machen.

SCHNAPPSCHÜSSE AUS DER ACHTERBAHN: DIE ROLLE VON PERSÖNLICHKEIT

Persönlichkeit beeinflusst das Einkommen in Managementkarrieren maßgeblich. Von diesem Einfluss entfallen in unserer Stichprobe 30% auf die *Leistungsmotivation*, 21% auf die *Führungsmotivation* und 19% auf die *Flexibilität*. Für den beruflichen Aufstieg beträgt dieser relative Einfluss 35% für Führungsmotivation, 16% für *Kontaktfähigkeit* und 14% für *Flexibilität*. Analog dazu liegt der relative Einfluss von *Emotionaler Stabilität* auf Karrierezufriedenheit bei stattlichen 68%.

Im Zeitverlauf wird die Persönlichkeit für den Karriereerfolg immer wichtiger. Wer die Tugenden *Führungsmotivation, Leistungsmotivation, Flexibilität, Kontaktfähigkeit, emotionale Stabilität* und *Wettbewerbsorientierung* nicht mitbringt, hat zunehmend weniger Karrierechancen.

Fragen, die wir uns in der Reflexion unserer Karriere stellen können:

- → Passt mein Persönlichkeitsprofil zu den Anforderungen einer Managementkarriere?
- → Wie schaut mein Profil bezüglich dieser Persönlichkeitseigenschaften aus?

Der Erfolg im Management hängt natürlich nicht nur mit der Persönlichkeit zusammen, sondern es sind zur Selbstdurchsetzung im Beruf auch entsprechende strategische und taktische Verhaltensweisen erforderlich. Inwieweit dies der Fall ist, sehen wir uns im nächsten Kapitel anhand des Phänomens *Mikropolitik* an.

Kapitel 7:

Arme hoch und lässig dreinschauen! Die Rolle von Karrieretaktiken

Johannes Steyrer/Marco Rapp/Markus Latzke

Das von Skandalen gebeutelte Österreich konnte 2022 anhand von Chatprotokollen aus Regierungskreisen einen seltenen Blick auf die sich ansonsten nur im Verborgenen abspielende Machtpolitik erheischen. Juvenile Politiker verhielten sich wie die „Masters of the Universe", höchst gerissen, taktisch kalkulierend, manisch und zynisch zugleich, sowie ohne Gewissensbisse wegen ihrer Grenzüberschreitungen. O-Ton: „Du hast eine Budgetsteigerung von 30 Prozent. Das haben wir nur für Dich gemacht. Du schuldest mir was!" Oder: „So weit wie wir bin ich noch nie gegangen. Wer zahlt, schafft an. Ich liebe das." Sind diese anrüchigen, ja obszönen Zitate – von „Kriegst eh alles, was du willst" bis hin zu „Du bist Familie" – bloß Ausdruck eines

Machtrausches oder legen sie das offen, was für den politischen Alltag normales Handwerk ist?[57]

Für Management-Karrieren stellt sich die Frage, ob dieser Reigen anrüchiger Zitate bloß die schmutzigen Insignien politischer Macht abgibt oder ob sich Ähnliches auch in der Geschäftswelt, ja in und zwischen Organisationen abspielt? Noch präziser: Sind strategisch-taktische Handlungen sowie exzellente Netzwerke nicht vielleicht sogar die Voraussetzung für erfolgreiche Managementkarrieren? Muss geblufft, getäuscht und getrickst werden, um als Führungskraft nach oben zu kommen? Entpuppt sich nicht so manch salbungsvoll vorgetragenes Feedback an die Chefin als kalkuliertes Einschmeicheln? Wäscht nicht auch im Berufsalltag eine Hand die andere?

Die eben skizzierten Verhaltensweisen werden in der einschlägigen Forschung unter dem Begriff *Mikropolitik* untersucht. Darunter fallen alle Formen sozialer Beeinflussung, die bei einem Gegenüber auf eine kalkulierte Wirkung abzielen und der Durchsetzung eigener (etwa Karriere) bzw. gemeinsamer Interessen (z. B. Steigerung von Effizienz und Effektivität) dienen. Der Kern der Mikropolitik ist jedoch, dass sie meist heimlich und verdeckt praktiziert wird.

Erinnern wir uns zurück an unsere Metaanalyse in Kapitel 4. Dort hatte Mikropolitik sowohl für das Einkommen als auch für Aufstieg eine schwache bis mittlere Relevanz. Wir wollen nun nach dem Muster vorangegangener Kapitel genauer auf das Phänomen schauen.

Effektivität von Mikropolitik und ihre Spielarten

Fragt man Managerinnen und Manager, für wie legitim sie Mikropolitik halten, zeigt sich, dass sie nicht nur als moralisch gerechtfertigt, sondern auch als notwendig eingestuft wird. Sie sehen Networking, das Einbeziehen von Schlüsselpersonen, die Nutzung von Freundschaften oder Self-Promotion als gängige Praktiken im politischen Spiel von und in Organisationen. Nicht zu-

[57] Aufgrund der sogenannten Ibiza-Affäre kam es in Österreich 2019 zum Bruch der Regierungskoalition aus ÖVP und FPÖ. Die Chatprotokolle wurden im Zuge eines parlamentarischen Untersuchungsausschusses veröffentlicht.

gegeben oder kein Teil der akzeptierten Strategien dürften bewusste Desinformation oder das Anfeuern der Gerüchteküche sein.[58]

Überblicksarbeiten zum Zusammenhang zwischen Mikropolitik und Karriereerfolg[59] finden wie in unserer Metaanalyse schwache bis mittelstarke Effekte. Etwas stärker positiv ist der Zusammenhang zwischen Mikropolitik und der persönlichen Reputation am Arbeitsplatz.[60] Bei Beförderungen zeigt sich, dass verschiedene Taktiken unterschiedlich wirken. Rationales Argumentieren, inspirierende Appelle, Koalitionen, Konsultationen und Einschmeicheln haben positive Effekte, während sich die Taktik des Druckmachens weniger bewährt.[61] Bedachtes Networking, beispielsweise indem man dezidiert Zeit in die Optimierung des eigenen Netzwerks investiert, wirkt sich wiederum positiver auf den Karriereerfolg aus als interpersonales Geschick.[62]

Interessante Befunde gibt es auch zu den Geschlechtsunterschieden. Eine Überblicksarbeit unterscheidet zwischen eher maskulin konnotierten *agentischen* (z. B. Druck machen, Einschüchterung, Blockaden), eher stereotyp femininen *kommunalen* Strategien (z. B. Einschmeichelung, Unterwerfung, um Rat und Teilnahme bitten) sowie geschlechtsneutralen Verhaltensweisen (z. B. Rationalität, Koalitionen bilden, inspirierende Appelle).[63]

Es zeigt sich, dass Männer stereotypenkonform häufiger agentische statt kommunale Taktiken einsetzen. Frauen bedienen sich hingegen bei ihrem Taktikmix aus allen drei Kategorien. Besonders interessant sind aber die Konsequenzen geschlechterkonformen Verhaltens. Frauen erzielen nämlich ein höheres Gehalt und steigen in der Hierarchie weiter auf, wenn sie mehr kommunales als agentisches Verhalten zeigen. Das entspricht den stereotypischen Erwartungen. Dazu passt auch der Befund, dass bei Männern ellbogentaktische Einschüchterung eher akzeptiert wird als bei Frauen. Verhalten sich Frauen nicht genderkonform, wirkt sich das also negativ aus. Bei Männern ist

58 Buchanan 2008.

59 Higgins, Judge und Ferris 2003.

60 Munyon, Summers, Thompson und Ferris 2015.

61 Lee, Han, Cheong, Kim und Yun 2017.

62 Todd, Harris, Harris und Wheeler 2009.

63 Smith, Watkins, Burke, Christian, Smith, Hall und Simms 2013.

das nicht so. Unterm Strich bedeutet das, dass für Männer sowohl agentisches als auch kommunales Verhalten förderlich ist, während bei Frauen lediglich kommunales Verhalten sozial akzeptiert wird.

Sehen wir uns einige Ergebnisse zu einer besonders verrufenen Taktik an, nämlich dem Einschmeicheln bei Höhergestellten. In einer älteren Studie wirkte sich geschicktes Hofieren sowohl positiv auf die subjektiven Vorgesetztenbeurteilungen als auch auf den objektiven Karriereerfolg aus.[64] Werfen wir allerdings einen Blick auf die ganze Bandbreite der bisher ermittelten Befunde, reicht die Wirksamkeit der Anbiederung von mittel negativ bis stark positiv.[65] Begründet wird das damit, dass Katzbuckeln insbesondere dann seine Wirkung verfehlt, wenn die adressierte Person das Verhalten durchschaut.

In der Literatur werden daher weitere, erfolgversprechendere Ausprägungen der Taktik diskutiert, die schwerer zu entlarven sind, wie z. B. ergebenst um Rat bitten, nach Kontroversen freimütig Zustimmung heucheln oder Meinungskonformität zeigen.[66] Allerdings ist Vorsicht geboten, denn es gibt missliche Zeiteffekte: Wer anderen immer nach dem Mund redet, wird am Beginn positiv eingeschätzt – nach einer gewissen Zeit, sobald sich das berufliche Umfeld ein Bild gemacht hat, hat dies aber keinen positiven Effekt mehr.[67]

Zu welchen bestätigenden bzw. abweichenden Befunden sind wir im Zuge unserer ViCaPP-Studie gelangt?

ViCaPP-Befunde zu Mikropolitik und Karriereerfolg

Wir unterscheiden im Folgenden zwischen drei Kategorien von Taktiken: 1. Die Kategorie allgemeine Einflusstaktiken beschreibt die direkten Formen der Beeinflussung des Verhaltens anderer zur eigenen, meist kurzfristigen Zielerreichung. 2. Beim Impression Management handelt es sich um Aktivitäten zur positiven Eindruckssteuerung bei einem Gegenüber. 3. Karriere-

64 Judge und Bretz 1994.

65 Higgins, Judge und Ferris 2003.

66 Stern und Westphal 2010.

67 Bolino, Klotz und Daniels 2014.

fördernde Beziehungsarbeit bezieht sich auf den Aufbau, die Pflege und Nutzung von Kontakten.

Zu den allgemeinen Einflusstaktiken zählen wir:

- Einschmeicheln: sich bei wichtigen Personen durch Freundlichkeiten, Komplimente und das Erweisen von Gefälligkeiten beliebt machen
- Rationales Argumentieren: eigene Ziele und Vorhaben mit vernünftig erscheinenden Informationen, Plänen und logischen Argumentation begründen
- Druck machen: Einsatz von Androhungen, Ankündigung von Macht- und Kraftproben
- Tauschhandel: Gegenleistungen für Entgegenkommen anbieten, Seilschaften mit wichtigen Personen aufbauen

Zum Impression Management zählen wir:

- Self-Promotion: Eigenwerbung und Selbstdarstellung durch das Herausstreichen und Betonen der eigenen Fähigkeiten und Leistungen
- Status und Position ins Spiel bringen: Forderungen Nachdruck verleihen, indem auf die eigene Autorität explizit bzw. implizit verwiesen wird

Unter karrierefördernder Beziehungsarbeit subsumieren wir:

- Networking: Etablierung, Pflege und Nutzen potenziell karrierefördernder Kontakte
- Konsultation von Vertrauenspersonen: Bemühungen, erfahrene und/oder erfolgreiche Personen bei Entscheidungen einzubeziehen
- Employability im Auge behalten: aktive Maßnahmen, um die Karrierechancen zu verbessern, Beschäftigungsfähigkeit z. B. durch Kontakte mit Head Huntern verifizieren

Die folgende Abbildung 12 zeigt die Korrelationen zwischen den mikropolitischen Taktiken und dem objektiven Karriereerfolg über alle vier Kohorten, gesamt und separat für Frauen und Männer.[68]

---

[68] Die dargestellten Korrelationen sind nur mit einer gewissen Schätzunsicherheit verallgemeinerbar; die diesbezügliche Schwankungsbreite beträgt ± 0,06 für die Gesamtstichprobe, ± 0,09 bei den Frauen und ± 0,08 bei den Männern.

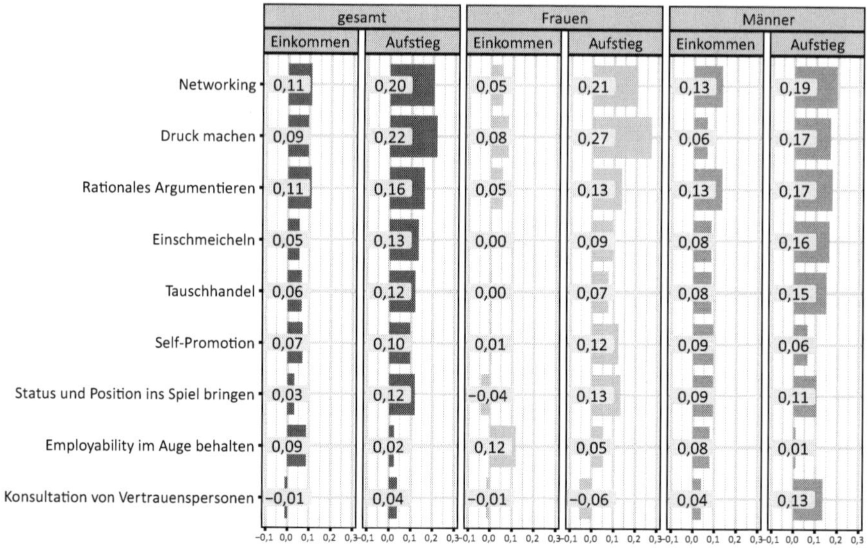

Abbildung 12: Mikropolitik und objektiver Karriereerfolg gesamt und getrennt für Frauen und Männer

Wir sehen, dass Mikropolitik für den Aufstieg tendenziell bedeutsamer ist als für das Einkommen. Das zeigte sich auch schon in der Metaanalyse: Beim beruflichen Vorwärtskommen hatte die Beeinflussung der reziproken Austausch-Beziehungen eine größere Relevanz als beim Einkommen. Hierarchische Positionskämpfe haben einen starken Entweder-oder-Charakter: Wenigen Gewinnerinnen und Gewinnern stehen viele Verliererinnen und Verlierer gegenüber. Im Vergleich dazu lässt der Kampf ums Einkommen auch mehrere Gewinnerinnen und Gewinner zu. Geld ist im Vergleich zu Positionen weniger knapp und lässt sich leichter vermehren. Kämpfe um das knappe Gut ‚Aufstieg' – so unsere Interpretation – sind noch selektiver, sodass ein stärkerer Einsatz von Mikropolitik erforderlich ist.

Das Erfolgstrio für den objektiven Karriereerfolg besteht aus: 1. Druck machen, 2. Networking und 3. Rationales Argumentieren. Dass Letzteres fast durchgängige positive Werte liefert, hängt wohl damit zusammen, dass „Rationalität" nach dem Motto „größter Nutzen bei beschränkten Handlungsalternativen" als generelles Leitprinzip im Berufsalltag fungiert – und zwar ungeachtet der Tatsache, dass Menschen sehr oft und systematisch diese Rationalitätsannahme nicht erfüllen. Dem folgen Einschmeicheln, Status und Position ins Spiel bringen sowie der Tauschhandel. Beim Einkommen sind bloß die Faktoren Druck machen und Networking ganz vorne. Alle anderen Taktiken sind von untergeordneter Bedeutung.

Überraschend und interpretationsbedürftig ist unser Befund zur Taktik Druck machen. Eine zusammenfassende Überblicksarbeit zeigte nämlich, dass sich Druck machen negativ auf aufgaben- und beziehungsorientierte Arbeitsergebnisse auswirkt.[69] Wie ist der Unterschied zu erklären? Der Aufstieg in Organisationen und das Erzielen guter Arbeitsergebnisse sind zwei verschiedene Paar Schuhe. Aufstieg im Management beinhaltet oft ellbogentechnisches Konkurrenzverhalten, weil es sich dabei, wie erwähnt, um „Ich-oder-Du-Aussiebungen" handelt, wohingegen die Zielerreichung von Organisation ein kooperatives „Ich-und-Du" erforderlich macht. Zudem kann schlussgefolgert werden, dass für den Aufstieg innerhalb der Organisation ein dominantes Erscheinungsbild durchaus günstig ist.

Besonders anschaulich zeigt sich die Relevanz von Mikropolitik wiederum im Kontrastgruppenvergleich, indem wir das obere Viertel der mikropolitischen Taktikerinnen und Taktiker mit dem unteren Viertel vergleichen und den daraus resultierenden relativen Einkommensunterschied ermitteln (Abbildung 13).

Was sich also in ökonomischer Hinsicht besonders rechnet, ist die aktive Steuerung der eigenen Beschäftigungsfähigkeit. Wer zudem Kontakte mit Headhuntern sucht und sich um Jobchancen initiativ umsieht, kann sein Einkommen um bis zu 28% steigern.[70] Der Rest der Rangordnung besteht aus einer Mischung aus karrierefördernder Beziehungsarbeit, Impression-Management und allgemeinen Einflusstaktiken, wobei kein klares Muster zu erkennen ist.

69 Lee u. a. 2017.

70 Bei der Zusammenhangsanalyse (Tabelle 1) liegt die Employability-Taktik in punkto Wirksamkeit nicht ganz vorne, da die Korrelationsdaten alle Personen inkludieren, während das obige Ranking nur die Extremgruppen vergleicht.

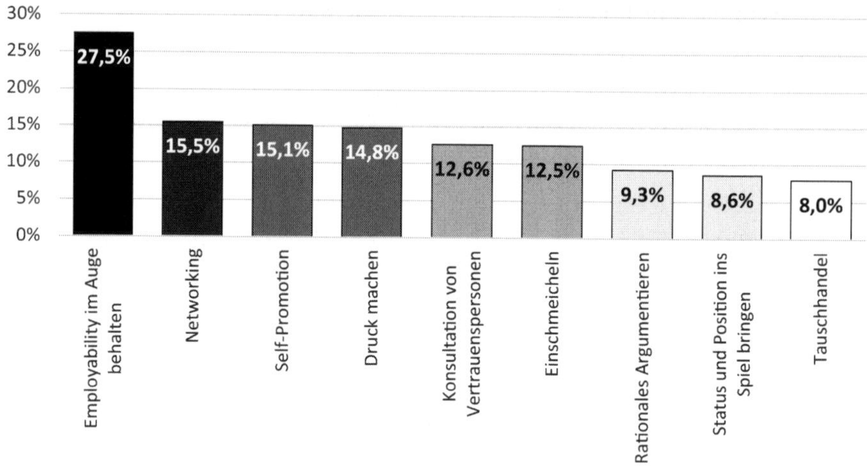

Abbildung 13: Einkommensdifferenz bei oberem und unterem Viertel in punkto Mikropolitik

Wie bei der Persönlichkeit haben wir eine Dominanzanalyse durchgeführt. Dabei werden alle Taktiken gemeinsam berücksichtigt, sodass sich ihre relative Bedeutung zeigt. Würde jemand gleichzeitig alle Taktiken einsetzen, was wäre am erfolgversprechendsten? Beschränkt man sich auf die drei wichtigsten Faktoren hinsichtlich Prozenträngen, dann zeigt sich folgendes Bild:

- Für die Einkommensrelevanz der Karrieretaktiken sind zu 25% das Networking, zu 20% Rationales Argumentieren und zu 16% die Employability im Auge behalten entscheidend.
- Betrachtet man den Effekt von Karrieretaktiken auf den Aufstieg, zeigt sich, dass sich dieser zu 37% aus Druck machen, zu 29% aus Networking und zu zwölf Prozent aus Rationalem Argumentieren zusammensetzt.

Alles in allem wird deutlich, dass man sich um die eigene Karriereentwicklung und -planung proaktiv kümmern muss, dass der Aufbau und die Pflege von Netzwerken entscheidend sind, für den Aufstieg insbesondere ein rationales Erscheinungsbild angeraten werden kann und es sich rechnet, hart auf den Tisch zu klopfen.

Werfen wir einen Blick auf die Geschlechtsunterschiede: Zunächst wird deutlich, dass Frauen ihr Einkommen durch Mikropolitik weniger beeinflussen als Männer. Für Frauen sind dabei nur die zwei Schlüsselfaktoren Druck machen und Netzwerkpflege erfolgversprechend. Bei den Männern weisen hingegen alle Taktiken bis auf Konsultation von Vertrauenspersonen auf eine schwach positive Wirkung hin. Was könnten die Ursachen dafür sein?

Männer haben generell höhere Statuspositionen inne als Frauen. Damit verfügen sie über bessere Hebel zur Selbstdurchsetzung. Das trägt zu einer positiven Rückkoppelung bei. Macht bzw. Geld generiert noch mehr Macht und Geld usw. Hinzu kommt, dass Männer insgesamt mehr Imponier- und Durchsetzungsgehabe an den Tag legen, womit sie insbesondere ihr Ranking in der Hackordnung erobern, sichern und demonstrieren.[71] Dabei handelt es sich um stereotypen-konformes Verhalten, das offenkundig im Berufsleben nicht nur toleriert wird, sondern sich auch positiv in der Geldbörse niederschlägt. Wahrscheinlich punkten auch deshalb Männer in monetärerer Hinsicht mit der Taktik Status und Position ins Spiel bringen eher als Frauen.

Für diese Argumentation spricht auch der Befund, dass Männer durch Networking ihr Einkommen eher verbessern als Frauen. Das könnte der Tatsache geschuldet sein, dass das Old Boys Network nicht nur dichter geknüpft ist, sondern aufgrund höherer Statuspositionen von Männern auch lukrativere Anknüpfungschancen eröffnet. Beispielsweise zeigt eine Studie, dass rund 70% der beruflichen Netzwerkkontakte bei Männern gleichgeschlechtlicher Natur sind, während bei Frauen diese sogenannten „homophilen Netzwerke" weniger stark ausgeprägt sind.[72] Daraus lässt sich ableiten, dass Männer bei ihrer Netzwerkpflege strategisch selektiver vorgehen und damit wechselseitig ihre Macht reproduzieren.

Beim Aufstieg gibt es einen bemerkenswerten Ausreißer, und zwar scheinen Frauen mithilfe von Druck machen eher zu reüssieren als Männer. Was ist daraus zu folgern? In einer nach wie vor von Männern dominierten Hierarchie- und Berufswelt sind für Frauen insbesondere harte Methoden der Selbstdurchsetzung – also Drohungen, Machtkämpfe, Hartnäckigkeit – erfolgversprechender. Allerdings stehen unsere Befunde im Widerspruch zur weiter oben zitierten Studie, wonach Frauen mehr kommunales statt agenti-

71 Guadagno und Cialdini 2007.

72 Brands, Ertug, Fonti und Tasselli 2022.

sches Verhalten an den Tag legen sollten.[73] Wir können das anhand unserer Daten mit primär österreichischen Absolventinnen und Absolventen von Wirtschaftsstudien nicht bestätigen.

Bemerkenswert ist zudem, dass für Männer die Taktiken Einschmeicheln und Tauschhandel etwas erfolgversprechender sind als für Frauen. Das ist insofern überraschend, weil es sich dabei um typisch beziehungsorientierte, reziproke Strategien handelt, von denen zu erwarten wäre, dass sie stereotyp feminin konnotierte Durchsetzungsmittel sind. Woran könnte das liegen? Wir haben argumentiert, dass Einschmeicheln dann zum Rohrkrepierer wird, wenn es von potenziellen Adressaten als solches entlarvt wird. Setzen Frauen diese Taktik verstärkt ein, wird das als phänotypisch weibliche Durchsetzungstaktik betrachtet. So büßt das erwartungskonforme Verhalten an positiver Signifikanz ein. Es wird von potenziellen Adressaten als Mittel zum Zweck interpretiert, mit dem sich Frauen Vorteile erheischen wollen.

Wie erwähnt, scheint es so zu sein, dass Druck machen unseren Befunden zufolge ein besonders wirksames Instrument im weiblichen Durchsetzungsarsenal sein dürfte. Das macht aber für Frauen die Balance zwischen harter und weicher Mikropolitik zu einer besonders schwierigen Gratwanderung und oft zu einem Dilemma.

Als nicht wirkungsvoll für den Karriereerfolg erweist sich – bis auf eine Ausnahme – in unseren ViCaPP-Studien die Konsultation von Vertrauenspersonen. Wahrscheinlich kommt darin mit der Suche nach einer helfenden Hand eine gewisse Rat- oder Perspektivlosigkeit bezüglich Karriereangelegenheiten zum Ausdruck, die kein gutes Licht auf die Kompetenz der Person wirft.

Was können wir daraus schlussfolgern? Männer ziehen mit Mikropolitik in den bestehenden männlich dominierten Verhältnissen erfolgreicher die Strippen als Frauen. Das manifestiert sich insbesondere beim Einkommen. Zum Aufstiegserfolg ist zu sagen, dass Frauen eher mit harten Methoden reüssieren – Druck machen, Self-Promotion und Status und Position ins Spiel bringen – während Männern eher mit weichen Taktiken – Einschmeicheln, Tauschhandel und Vertrauenspersonen konsultieren – punkten.

[73] Eagly und Karau 2002.

Mikropolitik und Karrieren im Zeitverlauf

Was hat sich in den letzten Jahrzehnten verändert? Wir verzichten hier aus Platzgründen wiederum auf eine detaillierte Wiedergabe der Einzelbefunde (bei Interesse siehe Anhang).

1970er Jahre: In einer Ära solider Über- und Unterordnungsverhältnisse im Sinne von Command und Control waren Karrieren, insbesondere für Wirtschaftsakademiker und -akademikerinnen, relativ gesichert. Hier reichte die klassische Erfolgstrias aus Networking, Druckmachen und rationalem Argumentieren für den Aufstieg. Jenseits dieses klassischen Arsenals war Mikropolitik nicht erforderlich.

1990er Jahre: In diesem Jahrzehnt kam es verstärkt zu einer Dezentralisierung und Delegation von Verantwortung. Das hatte jedoch keine nennenswerte Auswirkung auf unser mikropolitisches Dreigespann. Allerdings zeigen sich beim Einkommen – ausschließlich in diesem Jahrzehnt – schwach negative Vorzeichen bei den beziehungsorientierten Taktiken Einschmeicheln, Tauschhandel und Konsultation von Vertrauenspersonen. Worauf könnte das zurückzuführen sein? In diesem Jahrzehnt traten die zähen Manager-Typen ins Rampenlicht. Die Kapitalrentabilität wurde zum Maß aller Dinge. Geschäftsbereiche, die hohe Limits nicht schafften, wurden abgestoßen. Outsourcing, Des-Investition, Rationalisierung und Benchmarking standen an der Tagesordnung. Zu vermuten ist, dass die allzu weichen Typen dieser harten Managementpraxis zum Opfer fielen und daher monetär kaum reüssierten. Wahrscheinlich auch deshalb, weil von ihnen der geringste Widerstand zu erwarten war.

2000er Jahre: Wie haben sich die „Dotcom-Euphorie", das Internet und die damit einhergegangenen Karriereturbulenzen ausgewirkt? Zur Erfolgstrias kam nun als vierter Faktor das Einschmeicheln hinzu. Außerdem gewinnt Networking an Relevanz und zum ersten Mal zeigt sich beim Einkommen die Notwendigkeit, seine Employability im Auge zu behalten. Denn spätestens ab diesem Zeitpunkt waren auch wirtschaftswissenschaftliche Karrieren kein Selbstläufer mehr. Wer vorwärtskommen wollte, musste das verstärkt selbst in die Hand nehmen. Deshalb kam auch der Faktor Einschmeicheln als neuer Karriere-Booster hinzu. Wer sich nicht proaktiv in die Ingroup relevanter Entscheidungsträger drängte, war leichter außen vor.

Das Internet hat unsere Optionsräume für soziale Vernetzungen gesteigert. Auch aus diesem Grund scheint ein Exkurs zum Thema Networking angebracht, das wohl nicht zufällig in diesem Jahrzehnt eine Bedeutungszunahme erfuhr. Wir haben uns schon im Rahmen der Metaanalyse mit dem sogenannten Sozialkapital beschäftigt, das aus einem Netz sozialer Bindungen besteht und im Bedarfsfall informelle gegenseitige Unterstützung ermöglicht. Durch Networking wird dieses Kapital aufgebaut, gestaltet und erhalten. Worauf ist zu achten? Der Soziologe Mark Granovetter unterscheidet zwischen „weak ties" und „strong ties" in sozialen Gefügen. Ob es sich um schwache oder starke Bindungen handelt, wird durch die investierte Zeit, die emotionale Tiefe und die Stärke des wechselseitigen Vertrauens bestimmt.[74]

Nunmehr zeigt sich, dass für den Karriereerfolg insbesondere die schwachen Bindungen vorteilhaft sind. Sie sind zwar weniger tief, aber auch weniger nach außen abgeschlossen und stammen aus einem breiteren Beziehungsgeflecht. Damit sind es die heißen Tipps aus losen Kontakten, die größere Karriereräume erschließen.

2010er Jahre: Betrachten wir das Jahrzehnt der Agilität und der Spätfolgen der Finanzkrise. Plötzlich scheint für die Aufwärtsmobilität Mikropolitik unumgänglich geworden zu sein. Die ermittelten Werte sind bis auf zwei Ausnahmen (Konsultation von Vertrauenspersonen und Employability im Auge behalten) besonders hoch und sprengen deutlich das bis dahin übliche Niveau. Schauen wir uns einige Werte exemplarisch an: Networking korrelierte mit Aufstieg in den 1990er Jahren mit 0,12, in der 2010er Kohorte mit 0,34 (Druck machen 1990er 0,15 – 2010er 0,32, Rationales Argumentieren 1990er 0,17 – 2010er 0,27, Einschmeicheln 1990er 0,0 – 2010er 0,30, Self-Promotion 1990er 0,0 – 2010er 0,25). Die einzelnen Werte zeigen also eine starke Tendenz nach oben. Nicht nur dass verstärkt die altbewährte Trias relevant ist, gewinnen das Sich-Anbiedern, die betriebsame Selbstvermarktung und Eigenwerbung, ein offensives Pochen auf die eigene Positionsmacht oder das opportunistische Bemühen um andere je nach deren potenzieller Nützlichkeit – also ziemlich schlecht bewertete Taktiken – zunehmend an Bedeutung.

[74] Granovetter 1973.

Im letzten Jahrzehnt dürfte also das zum Durchbruch gekommen sein, was sich bereits lange davor als diffuses Muster abzeichnete. Dieses Muster wurde nicht abrupt zur Realität. Nein, es trat schleichend in Erscheinung. Unser zeitliches Ordnungsschema in verschiedene Jahrzehnte ist nur eine grobe Orientierung, denn die realen Dynamiken halten sich nicht an diese Schubladen. Aber wir scheinen nunmehr an einem Wendepunkt angelangt zu sein, der die Karriereverhältnisse radikal änderte und offensichtlich zum Kippen brachte. Wie gesagt, Planbarkeit und Sicherheit gingen verloren, garantierte Aufwärtsmobilität ist längst passé und die vertikalen und horizontalen Zick-Zack-Bewegungen machen Karrieren verstärkt zu Achterbahnfahrten. Aber warum sollte das die Relevanz der Mikropolitik in bis dahin ungeahntem Ausmaß nach oben treiben? Vier Faktoren könnten dafür ausschlaggebend sein.

- Wir haben im vorangegangenen Kapitel (Kap. 6) zum Zusammenhang zwischen Persönlichkeit und Karriereerfolg auf die zunehmende Angebots-Nachfrage-Diskrepanz hingewiesen. Selbstverständlich erhöht sich der Selektionsdruck, wenn heute im Vergleich zu den 1990ern jedes Jahr um rund 250 Prozent mehr Betriebswirtschaftsstudierte in den Arbeitsmarkt drängen. Gleichzeitig obsiegten in den Unternehmen die flachen Hierarchien. Die weniger gewordenen Leitungspositionen sind zudem von der gleich gut ausgebildeten, relativ jungen Generation X (1970 bis 1980 geboren) besetzt.
- Das Optimierungs- und Perfektionsdiktat, das den Leistungsoutput jeder Person permanent „objektiv" zu messen weiß, nivelliert das Leistungsniveau auf hohen Niveaus, sodass der K(r)ampf nach oben verstärkt auch taktisches Geschick notwendig macht. Zusätzlich zur Leistung ist Ellbogentechnik erforderlich.
- In diesem Jahrzehnt kam die Generation Y (1980 bis 1990) ins Berufsleben, für die das Revival des Materiellen zur Erfüllung der gestiegenen Selbstentfaltungsansprüche besonders charakteristisch ist. Kostspielige Lifestyles müssen erst einmal finanziert werden. Wenn sich aber Anspruchsdenken und Selektionsdruck wechselseitig aufschaukeln, radikalisiert sich der Wettstreit um privilegierte Positionen.

→ Schließlich haben wir den Beschleunigungstaumel als besonders prägend für dieses Jahrzehnt herausgearbeitet. Jetzt, so könnte daraus gefolgert werden, ist keine Zeit mehr für mikropolitische Spiele im Latenten. Wir müssen gleich zur Sache kommen.

All das lässt folgendes Fazit zu: Heutzutage geht es weniger um Aufstieg, Einkommens- und Machtzuwachs, sondern schlicht um den eigenen Job bzw. die eigene Employability. Das könnte sich in der „zweckmäßigen" Wahl der (mikropolitischen) Mittel widerspiegeln, die nunmehr zum Durchbruch kam, und dazu führen, dass – sehr plakativ ausgedrückt – das „edle", „ritterliche" Ausfechten von Karrierekämpfen immer mehr durch einen „schmutzigen Guerillakrieg" um punktuelle Erfolge oder auch nur das Überleben im Beruf verdrängt wird. Ob allerdings die „dynamisch-rücksichtslos-selbstbezogen-erfolgssuchende" Spezies als Selektionsresultat dieser Kontextbedingungen immer zum Wohle der sie beschäftigenden Organisation agiert, darf bezweifelt werden.

All das legt nahe, dass in punkto Mikropolitik die Unterschiede zwischen der realen Politik und dem Management eher marginal sind. Nicht immer, auch das sei explizit gemacht, geht es dabei darum, dem blanken Eigennutz zum Durchbruch zu verhelfen, sondern da und dort die Strippen auch so zu ziehen, dass es trotz komplexer und divergierender Gruppeninteressen zu halbwegs sinnvollen Entscheidungen kommt.

SCHNAPPSCHÜSSE AUS DER ACHTERBAHN: DIE ROLLE VON KARRIERETAKTIKEN

Wir können durch Karrieretaktiken unser Einkommen nachhaltig beeinflussen. In unserer Erhebung von Managementkarrieren besteht dieser Einfluss zu 25% aus *Networking*, zu 20% aus *Rationalem Argumentieren* und zu 16% aus *Employability im Auge* behalten.

Für den mikropolitischen Effekt auf beruflichen Aufstieg sind zu 37% *Druck machen*, zu 29% *Networking* und zu 12% *Rationales Argumentieren* ausschlaggebend.

Für Männer rechnet sich Mikropolitik mehr als für Frauen. Das manifestiert sich insbesondere beim Einkommen. Frauen reüssieren eher mit harten Methoden, wie

Druck machen, während Männer mit weichen Taktiken – Einschmeicheln, Tauschhandel und Vertrauenspersonen konsultieren – punkten.

Der Einsatz von Mikropolitik für den Karriereerfolg hat insbesondere in der jüngsten Kohorte (2010) stark zugenommen, was mit härteren Selektionsbedingungen und gestiegenen materiellen Ansprüchen zu begründen ist.

Fragen, die wir uns in der Reflexion unserer Karriere stellen können:

- → Welche mikropolitischen Taktiken sind in meinem Berufsfeld besonders erfolgreich? Welche weniger oder gar nicht?
- → Was davon passt gut zu mir und meiner Persönlichkeit?
- → Kenne ich gute und abschreckende Beispiele aus meinem persönlichen und beruflichen Umfeld im Hinblick auf Mikropolitik? Was lerne ich daraus?

Nach dieser Fokussierung persönlicher Erfolgsvoraussetzungen wird im nächsten Kapitel das Augenmerk auf die Frage gelenkt, welchen Einfluss unsere Herkunft auf Karrieren hat.

Kapitel 8:

Meinen Eltern gehört die Achterbahn. Soziale Herkunft und Karriere

Lea Reiss/Petra Eggenhofer-Rehart/Felix Diefenhardt

Arnold Schwarzenegger, seines Zeichens Mr. Universe, Terminator und Governator, blickt auf einen bemerkenswerten Lebenslauf zurück. Von einer klaren Vision und einer starken intrinsischen Motivation angetrieben, enthält seine Karriere beachtliche Transitionen. Geboren in einfache, ländliche Verhältnisse in Österreich, gelang ihm zunächst der Aufstieg zum vielbeachteten Bodybuilder. Daraufhin schaffte er es, sprachlichen Barrieren zum Trotz, sowohl in Hollywood als auch in der politischen Elite der USA Fuß zu fassen – 2003 wurde er zum Gouverneur Kaliforniens gewählt. Reden, in denen er seine Karriere resümiert und Ratschläge erteilt, erzielen hohe Klickzahlen auf Videoplattformen. Die Botschaft dieser Videos ist immer die gleiche: Menschen mit Visionen und Bereitschaft zu harter Arbeit sind durch ihre soziale Herkunft keine Grenzen gesetzt – sie können alles aus sich machen. Die Welt erscheint hier als ein großes Fitnessstudio, in dem sich Schweiß und Anstrengung direkt in Erfolg auszahlen lassen. Auf Ebene der Persönlichkeit zählt hier hauptsächlich die Leistungsmotivation. In Sachen Mikropolitik geht es wortwörtlich ums Druckmachen. Liegt in dieser Kombination das nachahmbare Erfolgsgeheimnis Schwarzeneggers?

Das Narrativ des amerikanischen Traums, das um seinen Aufstieg gesponnen wird, scheint dies zunächst zu bestätigen. Allerdings liegt diesem Narrativ auch eine Paradoxie zugrunde: Schwarzeneggers Biografie ist inspirierend, gerade weil sie so selten ist. Und er konnte seine Aufstiegsgeschichte als Unterscheidungsmerkmal im Wahlkampf nutzen, gerade weil die meisten seiner politischen Kontrahenten eine solche Biografie nicht vorweisen können.

Denn für die politische und ökonomische Sphäre der USA gilt[75] ebenso wie für Deutschland und Österreich[76] der zentrale Befund der Eliten- und Ungleichheitsforschung: Ein Großteil der höchsten Positionen entlang der Karriereachterbahn wird von Personengruppen privilegierter sozialer Herkunft besetzt. Diese Erkenntnis deutet sowohl auf die Rolle der sozialen Herkunft hin als auch auf den Ausnahmecharakter des sozialen Aufstiegs.

Die Rolle der sozialen Herkunft in unseren Karrieren soll in diesem Kapitel ins Auge gefasst werden. Es geht darum, zu zeigen: Unser Karrierefeld ist kein Fitnessstudio. Es ist kein geschlossener, klimatisierter Raum, in dem allen die gleichen, normierten Gewichte und Geräte zur Verfügung stehen. Stattdessen sind unsere Karrieren geprägt von sozialen Ungleichheiten, verschiedenen Start- und Aufstiegsbedingungen, weshalb Biografien wie die von Arnold Schwarzenegger eher Ausnahmen bilden, die die Regel bestätigen. Das führt uns direkt zum blinden Fleck vieler Ansätze der Karriereforschung: die Einbettung individueller Handlungsfähigkeit – auch Agency genannt – in den Kontext sozialer Herkunftsbedingungen.[77]

---

[75] Mills 1956.

[76] Hartmann 2009.

[77] Schneidhofer, Hofbauer und Tatli 2020.

Überbetonung von Agency

Die Karriereforschung setzt oft bei jenen Karrieren an, die für die Business Schools, in denen sie beheimatet ist, besonders relevant sind: Managementkarrieren. Und sie beginnt die Nachverfolgung dieser Karrieren meist erst mit dem Eintritt in den Arbeitsmarkt. Das blendet systematisch all jene aus, die die für moderne Managementkarrieren nötigen formalen Bildungsabschlüsse nicht vorweisen können. Im Windschatten dieser selektiven Perspektive konnten in den 1990er-Jahren Karrierekonzepte gedeihen, die den Einfluss sozialer Strukturen weitgehend ausblenden und die Agency überbetonen.

Das Konzept der *proteischen Karriere* ist ein Beispiel für einen solchen Ansatz. Sein Name geht auf Proteus zurück, einen Gott aus der griechischen Mythologie, der seine Form beliebig verändern konnte. Analog dazu zeichnet sich die proteische Karriere dadurch aus, dass Individuen eigene Fähigkeiten verwenden und weiterentwickeln, um Veränderungen zu begegnen, die durch äußere Einflüsse notwendig werden oder die sie sich selbst wünschen. Im Gegensatz zu traditionellen Modellen kümmert sich hier nur noch das Individuum selbst um die eigene Karriere, nicht die Arbeitgebenden. Eine proteische Karriere zu verfolgen bedeutet daher, nach eigenen Werthaltungen zu entscheiden und zu gestalten und den Berufsverlauf an persönliche Bedürfnisse anzupassen. Doch ist das wirklich so einfach? In ihrer Überbetonung der Agency laufen Konzepte wie die proteische Karriere Gefahr, sich zu Komplizen solch ideologischer Narrative zu machen. Warum das so problematisch ist, vertiefen wir in diesem Kapitel und beziehen uns dabei insbesondere auf die soziologische Forschung zu sozialer Ungleichheit.

Grobe und feine Herkunftsfilter

Zwei soziale Filterungsmechanismen beeinflussen unsere Fahrt auf der Karriereachterbahn: formalisierte Grob- und informelle Feinfilter.

Bei *Grobfiltern* handelt es sich um institutionalisierte Grenzen, die über den Zugang von Menschen zu bestimmten, in unserer Gesellschaft ungleich verteilten Positionen und Ressourcen entscheiden. Diese Grenzen verhärten soziale Schichten mit relativ geringer Durchlässigkeit. So erwerben beispielsweise Sprösslinge der akademischen Mittelschicht mit einer höheren Wahrscheinlichkeit akademische Titel als Kinder aus der Arbeiterschicht. Dies wiederum schmälert die Möglichkeiten Letzterer, ihre Karriere selbstbestimmt nach proteischem Vorbild zu gestalten. Wenn also unsere Metastudie zeigt, dass die soziale Herkunft den Karriereverlauf nur wenig beeinflusst, liegt das daran, dass die zugrundeliegenden Studien meist nur Führungskräfte oder andere hoch qualifizierte Fachkräfte untersuchen. Das klammert von vornherein diejenigen aus, die von solchen Positionen ausgeschlossen sind, weil sie nicht den erforderlichen Bildungsgrad aufweisen.

Wer es jedoch schafft formalisierte Grobfilter wie akademische Bildungsgrade zu überwinden, ist sodann mit *informellen Feinfiltern konfrontiert*, die die Chancenungleichheiten auch im Arbeitsalltag wiederspiegeln. Mit dem Begriff „Habitus“ beschreibt der Soziologe Pierre Bourdieu Denk- und Verhaltensweisen, die Menschen durch ihre Sozialisation in einem bestimmten Milieu erlernen. In verschiedenen Milieus sind unterschiedliche Verhaltensmuster anerkannt, dadurch erschwert der Habitus den Austritt aus dem eigenen Milieu und damit den sozialen Aufstieg. Diese informellen Feinfilter begegnen uns überall im Alltag und können sich in Schlüsselmomenten einer Karriere, z. B. bei Berufs- oder Jobwechseln, stark auswirken.

Grobfilter für Lebens- und Karrierechancen

Karrieren werden also sowohl durch unser eigenes Bemühen (Agency) als auch durch die gesellschaftlichen Strukturen beeinflusst, die uns Möglichkeiten eröffnen und Grenzen auferlegen. Besonders eindrucksvoll beschreibt solche Grenzen Peter Handke in dem Buch „Wunschloses Unglück“ über seine Mutter, das das Leben einer Frau in der ersten Hälfte des 20. Jahrhunderts im ländlichen Österreich nachzeichnet. Die Milieustudie beschreibt, wie die Verhältnisse, in die seine Mutter hineingeboren wurde, enge, schier unüberwindbare Leitplanken für ihren Karriereverlauf bilden und ihr Wege aus ihrem Milieu hinaus versperren. In schonungsloser Klarheit bringt Handke dies auf den Punkt:

„Als Frau in diese Umstände geboren zu werden, ist von vornherein schon tödlich gewesen. (...) Die Wahrsagerin auf den Kirchentagen lasen nur den Burschen ernsthaft aus den Händen; bei den Frauen war diese Zukunft ohnehin nichts als ein Witz." (Handke, 2019)

Keine Ausbildungs-, geschweige denn Aufstiegschancen und eine Zukunft, die keiner Vorhersage würdig ist: Obwohl sich mit der Zeit einige Rahmenbedingungen verändert haben, existieren auch heute noch die sozialen Mechanismen, die Maria Handke damals den Austritt aus ihrem sozialen Milieu verunmöglichten. Bildungs- wie geschlechterspezifische Ungleichheit halten sich hartnäckig, was sich auch empirisch zeigt.

Vererbte Bildungsungleichheit

Trotz des grundsätzlich freien Hochschulzugangs weisen Deutschland und Österreich im Vergleich zu anderen OECD-Ländern ein bescheidenes Ergebnis auf: Das aktuelle Policy Paper der Charta der Vielfalt zeigt, dass in Deutschland nur 27 von 100 Studierenden aus Familien mit nicht-universitärem Bildungsabschluss stammen. In Österreich erreichen einen akademischen Abschluss sogar nur sechs Prozent der jungen Menschen, deren Eltern nur einen Pflichtschulabschluss haben.[78] Vor dem Hintergrund, dass in unserer postindustriellen Wissensökonomie formale Bildung massiv über Karrierechancen entscheidet, verdeutlichen diese Zahlen die Zentralität der Bildung als Grobfilter der Herkunft: Das Drehkreuz zu den für die Karriereforschung besonders relevanten Managementkarrieren können am ehesten jene passieren, die schon Familienangehörige auf der anderen Seite haben.

So weit, so ernüchternd für Menschen aus niedrigeren Gesellschaftsschichten. Doch wie „vererben" sich Bildung und (objektiver) Karriereerfolg?

78 Charta der Vielfalt 2021.

Bedeutung des herkunftsbedingten Kapitals

Wenn wir vom Vererben von Kapital sprechen, denken wir meist an materielle Dinge wie Immobilien oder Geld. Das entspricht nach der Theorie Pierre Bourdieus dem ökonomischen Kapital. Er identifiziert allerdings noch zwei weitere Kapitalsorten: kulturelles und soziales Kapital. Letzteres umfasst unsere beruflichen und privaten sozialen Beziehungen. Kulturelles Kapital hat drei Formen: *institutionalisiert*, z. B. formale Bildung und Ausbildung; *verkörpert*, etwa durch das Auftreten einer Person, ihren Erfahrungen und den dadurch erworbenen Fähigkeiten; und *objektifiziert*, beispielsweise kulturelle Objekte wie etwa Kunstwerke oder Bücher. Wie das ökonomische sind auch das kulturelle und soziale Kapital in unserer Gesellschaft ungleich verteilt. Als Beispiel: Akademikerinnen und Akademiker sind mit relativ viel kulturellem Kapital ausgestattet, Unternehmerinnen und Unternehmer vor allem mit ökonomischem Kapital, während Arbeiterinnen und Arbeiter in allen drei Kapitalformen diesen Gruppen unterlegen sind. Im sozialen Feld haben Menschen dann eine starke, oft dominierende Stellung, wenn sie über viel Kapital verfügen und dieses Kapital von den bereits in dem entsprechenden Feld befindlichen Akteuren wertgeschätzt wird – der Wert von Kapitalien ist also feldabhängig.[79]

Die Positionen im sozialen Feld reproduzieren sich unter anderem durch Vererbung der drei Kapitalsorten. So kann Akademiker-Kindern durch frühkindliche Bildung und Förderung der Zugang zu institutionalisiertem kulturellem Kapital vereinfacht werden. Kinder aus sozialen Schichten mit geringem kulturellem und ökonomischem Kapital können sich darauf nicht ohne Weiteres verlassen. Auch soziales Kapital lässt sich vererben, etwa durch Nutzung der beruflichen Kontakte der Mutter für die Karriere der Tochter. Wer diesbezüglich wenig aufweist, kann auch wenig vererben.

Insgesamt zeigt sich, dass die zwischen sozialen Klassen bestehenden Unterschiede Einfluss darauf nehmen, mit welcher Grundausstattung an ökonomischen, sozialen und kulturellen Kapitalien wir unsere Fahrt auf der Karriereachterbahn starten. Sie wirken als Grobfilter. Eine mangelhafte Grundausstattung kann unsere soziale (Aufwärts-)Mobilität erschweren,

79 Bourdieu 1992a.

aber nicht verunmöglichen. Wollen wir in einem „höheren“ sozialen Feld reüssieren, können wir eine vorhandene Kapitalien-Ausstattung nutzen und müssen uns weitere benötigte Kapitalien erarbeiten.

Herkunft als mehrdimensionaler Begriff

Beim formellen Bildungsgrad handelt es sich um institutionalisiertes kulturelles Kapital, das zu einem gewissen Grad vererbt werden kann. Interessanterweise scheint dieser Vererbungseffekt für Frauen und Männer unterschiedlich auszufallen: So erreichen Frauen aus Akademikerhaushalten eher die höchstmögliche Bildungsstufe als ihre männlichen Pendants. Die Bildungsmobilität ist also tendenziell für Frauen höher als für Männer. Das umgekehrte Bild zeigt sich hingegen beim Vererbungseffekt des Einkommens: Männer können hier eher das Niveau ihres Elternhauses halten als Frauen.[80]

Dieser Befund weist auf die Bedeutung der Intersektionalität hin. Intersektionalität (vom Englischen „intersection“ – „Überschneidung, Schnittstelle“) bezeichnet das Konzept der Überlappung verschiedener Diskriminierungsmerkmale wie die der sozialen Herkunft und des Geschlechts. Das verdeutlicht, dass sich gesellschaftliche und karrierebezogene Vor- bzw. Nachteile nicht allein durch die Betrachtung der sozialen Herkunft erklären lassen. Diese spielt vielmehr mit anderen Dimensionen der sozialen Identität wie Geschlecht oder Ethnizität zusammen. Die Kombination verschiedener Ausprägungen dieser Aspekte zeitigt oft ganz eigene Folgen.

Das komplexe Zusammenspiel von sozialer Herkunft, der damit verbundenen Ausstattung mit den Kapitalsorten und verschiedener Identitätsdimensionen ist für unsere Karrieren von großer Bedeutung. Es zeigt sich besonders deutlich in Situationen, in denen wir unseren gewohnten Kontext freiwillig oder unfreiwillig verlassen und neu gefordert sind, uns zurechtzufinden. Beispiele dafür sind Wechsel von Job oder Unternehmen, Berufswechsel und Menschen, die sich zwecks beruflicher Weiterentwicklung zum vorübergehenden oder dauerhaften Umzug in ein anderes Land entschließen und dort ganz unterschiedlichen Problemen begegnen. Besonders markant zeigt

80 Altzinger, Lamei, Rumplmaier und Schneebaum 2013.

sich das bei Menschen, die aus ihrer Heimat fliehen müssen und mit hohen Hürden konfrontiert sind. Viele können sich nicht aussuchen, in welchem Land sie sich letztendlich wiederfinden, und sind daher auch nicht auf die dortige Gesellschaft und den Arbeitsmarkt vorbereitet.

Sehen wir uns das an einem durchaus eindrücklichen Beispiel an. Ab 2015 haben viele Geflüchtete aus Syrien und Afghanistan – teilweise mit geringem formalen Bildungsgrad – versucht, auf dem österreichischen Arbeitsmarkt Fuß zu fassen. In einer qualitativen Studie haben wir untersucht, welche Kapitalien diese Geflüchteten mitbringen und welche Rolle sie für eine erfolgreiche Integration in den Arbeitsmarkt spielen.[81]

Der Mangel an akzeptiertem kulturellen Kapital ist für geflüchtete Menschen vor allem in Form von Nicht-Anerkennung bzw. Abwertung der im Heimatland erworbenen formalen Bildungsabschlüsse problematisch. Viele landen so in einem Job, für den sie überqualifiziert sind. Die Folge ist der Verlust der beruflichen Identität und in der Wahrnehmung der Betroffenen auch des Status.

„Ich denke, ich sollte eine bessere Arbeit finden. In Syrien war ich Lehrer und Fremdenführer. Jetzt soll ich als Kellner arbeiten? Das ist schwierig für mich.“ (Französischlehrer und Fremdenführer aus Syrien, 47 Jahre)

Höher Gebildete mit vergleichsweise stärkerer Abwertung ihrer formalen Qualifikationen haben im Bemühen um Aufrechterhaltung ihrer beruflichen Identität bei der Jobsuche größere Schwierigkeiten als gering Gebildete. Während Letztere vermeintlich doppelt benachteiligt sind, agieren sie wegen einer schwach ausgeprägten beruflichen Identität flexibler und können sogar leichter einen Job finden als höher Gebildete – wenn auch oft nur im Niedriglohnsegment.

Geflüchtete müssen sich auch mit den Regeln eines ihnen unbekannten Feldes in einem anderen Kulturkreis auseinandersetzen. Bei der Jobsuche in Österreich kommt es stärker als in ihren Heimatländern auf formale Bildung als Grundvoraussetzung an:

[81] Eggenhofer-Rehart, Latzke, Pernkopf, Zellhofer, Mayrhofer und Steyrer 2018.

„In meinem Heimatland fragt niemand, ob man eine Ausbildung hat. Zum Beispiel, wenn einer eine Steckdose reparieren kann, halten ihn alle für einen super Elektriker, auch wenn er keine Elektriker-Lehre gemacht hat. Hier, in Österreich, kann ich ohne Dokumente nichts machen, alles ist reguliert." (Landwirt aus Afghanistan, 29 Jahre)

Allerdings gibt es hier Abstufungen des Fremdseins: Personen aus Syrien erleben den österreichischen Arbeitsmarkt tendenziell als weniger fremdartig als Geflüchtete aus Afghanistan. Eine höhere kulturelle Distanz erschwert es Letzteren, hier ihr kulturelles Kapital einzusetzen.

Zusätzlich erfahren Geflüchtete die Nachteile der langen zeitlichen Unterbrechung ihrer Karrieren. Viele waren lange Zeit auf der Flucht, während der sie nicht arbeiten konnten. Dadurch gerät ein Teil ihrer Kenntnisse und Fähigkeiten in Vergessenheit, sodass sie auch dadurch nicht nahtlos an ihre zuvor gemachten beruflichen Erfahrungen anknüpfen können – schon gar nicht, wenn sie im Aufnahmeland bei der Jobsuche zunächst Kompromisse eingehen.

„Ich hätte hier auch gerne wieder als Ingenieur gearbeitet, denn wenn ich jetzt etwas anderes mache, veraltet mein Wissen, und später kann ich dann nie wieder als Ingenieur arbeiten." (Diplom-Ingenieur aus Syrien, 52 Jahre)

Manche befinden sich außerdem in einem Dilemma zwischen einer Investition in das eigene Kulturkapital und finanziellen Erfordernissen. Weiterbildung braucht Zeit, doch die finanzielle Not erfordert oft die rasche Wiederaufnahme irgendeiner Erwerbstätigkeit, um ökonomisches Kapital sammeln und den Lebensunterhalt für die Familie bestreiten zu können.

„Ich habe darüber nachgedacht, hier eine Berufsausbildung zu machen. Aber das würde drei Jahre dauern. Das ist zu lang, ich muss schneller Arbeit finden." (Betriebswirt und Unternehmer aus Syrien, 34 Jahre, drei Kinder)

Schließlich muss auch erst mit großem Einsatz soziales Kapital erworben werden, das auch in Österreich von großer Bedeutung für die Karriere ist:

„Ich habe ein Praktikum gemacht und der Leiterin gesagt, sobald sie einen Job frei hätten, wäre ich bereit dafür. Wo immer ich ehrenamtlich gearbeitet habe, habe ich mit den Verantwortlichen gesprochen, ihnen meine Nummer gegeben. Auf diese Art versuche ich soziale Kontakte aufzubauen." (Volksschullehrerin aus Afghanistan, 39 Jahre)

Was lernen wir daraus über die Rolle der sozialen Herkunft bei der Grobsortierung unserer Karrieren? Das Zusammenspiel – die Intersektionalität – verschiedener Aspekte wie soziale Schicht, Ethnizität oder Geschlecht ist von zentraler Bedeutung und schlägt sich in den verschiedenen Kapitalien nieder, die wir für unsere Karrieren brauchen.

Aber es bleibt nicht bei der Grobsortierung. Es gibt auch Feinfilter, die mit sozialer Herkunft verbunden sind und Auswirkungen darauf haben, wie unsere Karrieren verlaufen. Diese sind insbesondere für das Erreichen höherer Positionen im Rahmen von Managementkarrieren relevant, weshalb wir uns im Folgenden auf Managementkarrieren konzentrieren.

Feinfilter für Chancen auf Managementkarrieren

Die Ergebnisse von Feinfilterungen durch soziale Herkunft zeigen sich u. a. darin, dass Spitzenpositionen in Unternehmen oft von Personen aus höheren sozialen Verhältnissen besetzt werden. Ähnliches gilt auch für Karrieren im mittleren Management: Nur fünf Jahre nach dem Studienabschluss bekleiden Absolventinnen und Absolventen, deren Väter selbst einen Universitätsabschluss hatten, eher Führungspositionen als Personen mit weniger gebildeten Vätern.[82] Mit steigendem Alter und Karrierefortschritt wird der Bildungsgrad der Eltern außerdem immer relevanter.[83] Auch unsere ViCaPP-Studie zeigt die wichtige Rolle der sozialen Herkunft in Managementkarrieren. Unterscheiden

[82] Falk und Huyer-May 2011.
[83] Hillmert und Jacob 2010.

wir zwischen der unteren und oberen Hälfte der Einkommensverteilung, dann zeigt sich im oberen, nicht aber im unteren Einkommenssegment ein positiver Zusammenhang zwischen der sozialen Herkunft (elterliches Haushaltseinkommen, Bildungsniveau, Berufsprestige) und dem Karriereerfolg. Das belegt die erfolgssteigernde Wirkung der sozialen Herkunft als Feinfilter nach dem Durchlaufen der höheren Bildungskarriere vor allem bei den Bestverdienenden.

Wirkung des Habitus

Eine Erklärung für die herkunftsbasierten Feinfilter im Zugang zu Führungspositionen bietet das Konzept des Habitus von Pierre Bourdieu.[84] Habitus umfasst die in Kinder- und Jugendjahren durch Sozialisation erworbenen Verhaltensweisen und Neigungen hinsichtlich Essen und Trinken, Musik, Freizeitgestaltung, Kleidungsstil oder Wohnungseinrichtung, aber auch wie wir unsere Welt sehen, uns darin bewegen, uns präsentieren und sprechen und wie wir mit unseren Mitmenschen interagieren. Der Habitus drückt unsere Klassenzugehörigkeit aus und die feinen Unterschiede, die in ihm Ausdruck finden, beeinflussen unseren Erfolg beim Versuch, sozial aufzusteigen. Kindern aus höheren sozialen Schichten wird etwa schon früh vermittelt, welche Verhaltensweisen in elitären Kreisen angemessen sind. Nehmen wir als Beispiel das Geschäftsessen: Denjenigen von uns, die aus einfacheren Verhältnissen stammen, treibt wahrscheinlich die Vorstellung, einen Hummer elegant zu zerlegen, ohne sich dabei Krawatte oder Bluse anzukleckern, den Schweiß auf die Stirn. Wer in einem elitären Umfeld aufgewachsen ist, hat das sehr wahrscheinlich bereits früh gelernt und schüttelt ein solch vornehmes Verhalten als Teil des vertrauten Standardrepertoires mühelos aus dem Ärmel. Schlagen wir nun eine solche Einladung aufgrund unseres habituellen Unwohlseins aus, verpassen wir dadurch möglicherweise die Chance, strategisch wichtiges soziales Kapital aufzubauen. Entlang solcher alltäglichen Entscheidungen kann unser Habitus den Karriereverlauf indirekt beeinflussen und verstärkt die Tendenz zur Schichtung sozialer Verhältnisse.[85] Diese feinen herkunftsbedingten Unterschiede fördern das Verharren in einem Lebensstil, der dem unserer Eltern

[84] Bourdieu 1992b.

[85] Bourdieu und Passeron 1997.

nicht ganz unähnlich ist. Auch könnten wir im Falle einer nicht-elitären Herkunft Schwierigkeiten haben, von denen akzeptiert zu werden, die es aus elitären Kreisen in gesellschaftliche Spitzenpositionen geschafft haben.

Soziale Herkunft, Geschlecht und Karriere

Stellen wir nun die feinen Unterschiede der sozialen Herkunft in einen intersektionalen Kontext, indem wir einen genaueren Blick auf herkunftsbezogene Einkommensunterschiede von Frauen und Männern werfen (Abbildung 14). Es zeigt sich: Karrierenachteile für Frauen sowie für Personen niedrigerer sozialer Herkunft prägen sich über die Zeit immer mehr aus und werden besonders in den höheren Führungsetagen sichtbar. Und: Der positive Effekt des elterlichen sozioökonomischen Status ist geschlechterabhängig. Ein höherer elterlicher Status wirkt sich bei Männern deutlich positiver auf die Einkommensentwicklung aus als bei Frauen. Konkret ist der jährliche Zuwachs beim beobachteten Einkommen bei Frauen „aus gutem Hause" im Schnitt um 16 Prozent höher als bei denen aus weniger gutem Hause. Bei den Männern beträgt dieser Unterschied 48 Prozent.

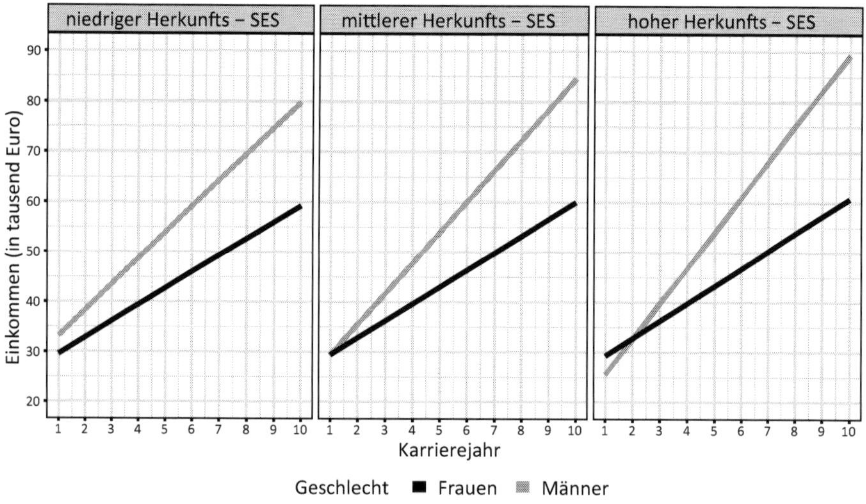

Abbildung 14: Geschätzte lineare Einkommensentwicklung in Abhängigkeit von sozioökonomischem Status und Geschlecht

Internationale Studien untermauern unsere Ergebnisse zum unterschiedlichen Einfluss der sozialen Herkunft bei Männern und Frauen. Studien zu generationsübergreifenden Ungleichheiten bei Einkommensentwicklungen zufällig ausgewählter Geschwister zeigen zum Beispiel ähnliche Tendenzen mit einem stärkeren Zusammenhang zwischen Herkunft und Einkommen bei Männern als bei Frauen sowohl in Österreich als auch in Deutschland.[86] Das macht deutlich, wie wichtig eine differenzierte Betrachtung des Zusammenspiels unterschiedlicher intersektionaler Faktoren ist.

Offen bleibt dabei jedoch die Frage, weshalb sich die sozioökonomische Herkunft in den Karrieren von Männern und Frauen unterschiedlich auswirkt. Den Einfluss des Geschlechts im Zusammenspiel mit der Herkunft haben wir deshalb in der folgenden Studie genauer untersucht und dabei Hinweise auf die Bedeutung unterschiedlicher Rollenerwartungen entdeckt.

Um genauer zu verstehen, welche Rolle die soziale Herkunft in den Karrieren von Frauen spielt, sehen wir uns nun ihr Zusammenspiel mit geschlechtsspezifischen Prägungen an. 46 berufstätige Frauen, die 1990, 2000 oder 2010 ein Studium an der Wirtschaftsuniversität Wien absolviert haben und seither in Fach- und Führungspositionen in unterschiedlichsten Branchen arbeiten, haben uns ein Stück in ihr Berufs- und Privatleben blicken lassen.[87] Die Auswertung ihrer Erzählungen ergibt folgendes Bild:

Einen starken Einfluss von traditionellen Geschlechterrollen beschreiben vor allem Frauen aus wohlhabenden Verhältnissen. Viele von ihnen wurden dazu ermutigt, Hobbys, Bildungsschwerpunkte und Berufe in Branchen zu wählen, die eine Kultivierung von kulturellem Kapital nach stereotyp weiblichen Geschlechterrollen ermöglichen. Sie erwähnen beispielsweise, dass ihre Eltern sie in ihrer Freizeit zu Reit- oder Ballettschulen schickten. Auch in Bezug auf die Berufswahl erinnern sich Frauen daran, dass ihnen vermehrt davon abgeraten wurde, sich für männlich dominierte Studienrichtungen oder Berufe zu entscheiden, da diese für Frauen ungeeignet seien. Gleichzeitig verschafft diesen Frauen aus besseren Verhältnissen ihr familiäres ökonomisches Kapital auch einige Vorteile. Die meisten wurden während des Studiums finanziell unterstützt, sodass sie sich auf ihre Ausbildung konzentrieren

86 Böheim und Judmayr 2014; Schnitzlein 2014.

87 Reiss 2022.

konnten, ohne mit der Doppelbelastung von Beruf und Studium kämpfen zu müssen – ein typischer Fall von Kapitalientransfer, in dem durch die Investition ökonomischen Kapitals kulturelles Kapital erworben werden kann.

In Erzählungen über Erwartungen zum Thema Mutterschaft betonen Frauen aus höheren Gesellschaftsschichten oft die traditionellen Geschlechterrollen ihrer eigenen Mütter und verspüren Druck, sich selbst hauptsächlich der Mutterrolle zu widmen. Eine der Frauen, die zur Unterstützung bei den Kinderbetreuungspflichten Nannies beschäftigt, veranschaulicht diesen Erwartungsdruck und bringt ihre Frustration über die ihr zugeschriebene Mutterrolle wie folgt zum Ausdruck:

„Ich habe wahrscheinlich eine offenere Beziehung dazu als die Mehrheit der Österreicher, weil ich habe natürlich diese schönen Sprüche zu hören gekriegt, [macht eine Geste von Anführungszeichen] warum kriegst du denn Kinder, wenn dann jemand anderer sich drum kümmert." (Höhere Herkunft, Kohorte 2000)

Für viele der Frauen höherer Herkunft führen die Entscheidung für schlechter bezahlte, weiblich dominierte Berufe und die hohe Erwartung an ihre Mutterrolle dazu, dass sie die Hauptverantwortung für Beziehungen innerhalb der Familie und der Partnerschaft übernehmen und dadurch die familiären Pflichten über die eigene Karriere stellen.

Im Vergleich dazu sind die Geschichten von Frauen aus niedrigeren sozialen Schichten von Knappheit an ökonomischem Kapital geprägt, die ihre Lebensbedingungen maßgeblich prägte. Erzählungen über problematische finanzielle Umstände überdecken hier häufig den Druck, stereotypen Geschlechterrollen zu entsprechen. Eine Interviewte aus einer Arbeiterfamilie erzählt, wie sie deshalb eher mit der Erwartung aufwuchs, ihrer Familie mit traditionell männlichen Arbeiten auszuhelfen:

„Was wichtig ist bei der Heuernte, ist […], dass du Traktor fahren kannst. Was sie [ihre Familie] mir also als Zehnjährige beigebracht haben, ist Traktorfahren, sobald es sich ausgegangen ist, dass ich mit meinen Beinen zum Pedal gelangt bin." (Niedrige Herkunft, Kohorte 1990)

Insgesamt drehen sich die familiären Erwartungen in den Erzählungen von Frauen aus unteren Gesellschaftsschichten maßgeblich um eine starke Arbeitsmoral und das Streben nach profitablen Berufen und Branchen. Aufgrund des Mangels an ökonomischem Kapital in ihren Herkunftsfamilien mussten die meisten Frauen aus den unteren Schichten etwa neben dem Studium arbeiten, um über die Runden zu kommen. Dies wird jedoch häufig nicht nur als Einschränkung, sondern auch als Möglichkeit zur Selbstständigkeit empfunden. Im Hinblick auf geschlechtsspezifische Erwartungen orientieren sich auch die Frauen aus niedrigeren sozialen Schichten häufig an der Rolle ihrer eigenen Mütter, die ihnen die finanziell notwendige Vereinbarung von Erwerbsarbeit und unbezahlter Sorgearbeit vorlebten. Dies führt zur Erwartung, die eigene Karriere weiterhin neben familiären Pflichten zu priorisieren, anstatt sich ausschließlich aufs Muttersein und unbezahlte Sorgearbeit zu konzentrieren. So reflektiert eine der Frauen ihre von der Erfahrung ihrer eigenen Mutter geprägte Entscheidung gegen eigene Kinder:

„Meine Mutter hat Einzelhandelskauffrau gelernt, hat aber eigentlich ihr ganzes Leben als Putzfrau gearbeitet nach den Kindern […] und nachher ist sie dann nie wieder reingekommen und ja, das ist sicher bei mir auch abgespeichert." (Niedrige Herkunft, Kohorte 2000)

Die Geschichten der Frauen über ihre Familien und kindheitlichen Prägungen verdeutlichen die wichtige Rolle der sozialen Herkunft und Geschlechterstrukturen, in die Frauen eingebettet sind, sowie damit einhergehende Zwänge und Erwartungen, bestimmte berufliche und private Lebensentscheidungen zu treffen. Selbst wenn die Hürde der Grobfilter der sozialen Herkunft im Bildungswesen überschritten wird, prägt die Herkunft die Karriere weiterhin.

Reproduktion oder Transformation?

Die Ausführungen, Geschichten und Daten über Einflüsse der sozialen Herkunft auf Karrieren zeigen, dass unsere Karrierewege von den sozioökonomischen Herkunftsverhältnissen, in denen wir aufwachsen und die als Ungleichheiten in Karrieren fortbestehen, geprägt sind.

Gleichwohl gilt auch: Individuen trotzen den Umständen und zeigen Agency (individuelle Handlungsfähigkeit) in ihren Karrieren, denn soziale Strukturen stecken nicht zwingend unveränderliche und unüberwindbare Grenzen für Karrierepfade ab.[88] Menschen können vielmehr ihren Teil dazu beitragen, gefestigte Strukturen zu transformieren oder zu reproduzieren. Ein Beispiel für Reproduktion wäre beispielsweise ein Manager, der sich eines Schützlings aus seinem eigenen elitären Herkunftsmilieu annimmt und dessen Karriere fördert. Ein Beispiel für die Transformation bestehender Strukturen wäre hingegen eine Frau aus einer unterprivilegierten Herkunftsfamilie, die sozialen Aufstieg erreicht, mit traditionellen Geschlechterrollen bricht und damit zum Vorbild für nachfolgende Generationen wird.

In diesem Sinne sind Karrieren Ergebnisse der sich gegenseitig beeinflussenden Beziehung zwischen individuellen Handlungen und strukturellen Zwängen sowie Möglichkeiten. Dieser Raum von Beziehungen erzeugt Macht- und Herrschaftsverhältnisse, die Karrierechancen durch formalisierte Grob- und informelle Feinfilter ungleich verteilen. Intersektionalität ist dabei zentral, da verschiedene personale und soziale Merkmale wie z. B. das Geschlecht, die soziale sowie die ethnische Herkunft im Wechselspiel unsere Möglichkeiten in Karrieren beeinflussen.

SCHNAPPSCHÜSSE AUS DER ACHTERBAHN: SOZIALE HERKUNFT UND KARRIERE

Unsere sozioökonomische Herkunft prägt unseren Karriereverlauf. Eine wichtige Rolle als Grobfilter spielt die Bildungsungleichheit. Diese beeinflusst unsere Karrierechancen schon vor dem Eintritt in das Berufsleben.

- → Welche Rolle hat meine soziale Herkunft in meiner Bildungsgeschichte gespielt?
- → Beim Wechsel in einen anderen kulturellen Kontext steht der Wert der zuvor erfolgreich genutzten Karrierekapitalien auf dem Prüfstand. Welche Erfahrungen habe ich in anderen Ländern mit dem Arbeitsmarkt und seinen Regeln gemacht und was habe ich daraus gelernt?

---

88 Archer 1995.

Unser soziales Milieu stattet uns mit verschiedenen Kapitalien und einem Habitus aus. Diese wirken als Feinfilter in unseren Karrieren. Sie können das weitere Ansammeln von Kapitalien und unseren Karriereerfolg erschweren oder erleichtern.

→ Wie zeigt sich mein Habitus in meinem Berufsalltag und inwiefern hilft er mir, Kapitalien aufzubauen?

Der Effekt des elterlichen sozioökonomischen Status ist immer intersektional zu betrachten. So ist der Einkommensbonus für Personen aus besseren Herkunftsverhältnissen bei Männern zum Beispiel größer als bei Frauen.

→ Wie hat mein Herkunftsmilieu im Zusammenspiel mit meinem Geschlecht und meiner Ethnizität meine Berufsentscheidungen und meinen Werdegang geprägt?

Im nächsten Kapitel wollen wir uns der im Karrierekontext am breitesten erforschten Dimension intersektionaler Effekte auf Karrieren widmen: dem Geschlecht.

Kapitel 9:

Wer darf vorne sitzen? Geschlecht und Karriere

Thomas M. Schneidhofer/Michael Schiffinger

In der US-amerikanischen TV-Serie *The Walking Dead* geht es um Menschen, die eine Pandemie durchleben und unter ständiger Bedrohung von Zombies existieren. Am Beginn der zweiten Staffel erlebt die Gruppe das erste Mal eine gewisse Normalität. Im Unterschlupf einer Ranch steht sehr bald das alltägliche Zusammenleben im Mittelpunkt. Die Rollen sind schnell verteilt: Während die Männer die Wache übernehmen und Nahrung beschaffen sollen, kümmern sich die Frauen um die Küche und die Wäsche. Als eine Protagonistin, Andrea (gespielt von Laurie Holden), sich diesem Schema auch nur ansatzweise widersetzt, gibt es rasch Ärger, denn die übrigen Frauen, vertreten durch Laurie (Sarah Wayne), beschweren sich über die entstehende Mehrarbeit. Auf die Idee, dass auch die Männer diese Lücke füllen könnten, kommen sie nicht. Woher rührt diese scheinbare Selbstverständlichkeit, dass

Frauen sich um Heim und Herd kümmern und damit Tätigkeiten übernehmen, die in unserer Gesellschaft meist unbezahlt sind? Und ist das Fiktion oder Realität?

Sehen wir uns das „wirkliche" Leben an. Die Welthandelsorganisation berechnet jedes Jahr, wie ungerecht es auf unserem Planeten zugeht.[89] Demnach wird es aktuell noch 135,6 Jahre dauern, bis die Chancengleichheit von Frauen gegenüber Männern erreicht sein wird. Beim Thema Karriere ist Einkommen hierfür ein Hinweisgeber. Eine Studie aus Österreich mit dem Stundenlohn als Vergleichsbasis zeigt, dass die Einkommensdifferenz zwischen den Geschlechtern (Gender Pay Gap) 2019 6,2 Prozent betrug (2005: 9,1 Prozent). Wird der „bereinigte" Gender Pay Gap berechnet, indem Berufe, Beschäftigungsumfang, Bildungsstand, Berufserfahrung oder Führungspositionen berücksichtigt werden, können von diesen 6,2 Prozent nach wie vor 42,3 Prozent der Einkommensunterschiede zwischen Männern und Frauen nicht erklärt werden.[90]

Wie sieht es bei Führungspositionen aus? Der Anteil von Frauen als Geschäftsführerinnen in den umsatzstärksten Unternehmen Österreichs stieg in den letzten zehn Jahren von 11 auf 25 Prozent. In Deutschland wird jede dritte Stelle mit Führungsfunktion von einer Frau besetzt, Anfang der 1990er Jahre war das nur bei jeder vierten Position der Fall.[91] Und 2021 wurden 42 Prozent aller Toppositionen in DAX-Konzernen weiblich besetzt.[92]

In diesem Kapitel betrachten wir zunächst einige Sichtweisen von Geschlecht und seinen beruflichen Auswirkungen. Dann wird der eingangs genannte Einkommensunterschied näher beleuchtet: Inwieweit verändern ähnlichere Ausgangsbedingungen von Frauen und Männern den Einkommensunterschied? Zusätzlich illustrieren wir die (Einkommens)Relevanz von Geschlechtsrollen(stereo)typen und ihre Entwicklung, um in einem letzten Schritt mit einem Ausblick abzuschließen.

---

89 World Economic Forum 2021.

90 Böheim, Fink und Zulehner 2021.

91 Destatis 2022.

92 Backovic 2022.

Sex, Gender und Karriere

Das Thema Geschlecht(erunterschiede) wird nicht nur im Zusammenhang mit Karriere kontrovers diskutiert. Bei der Frage, ob sich Personen aufgrund ihres Geschlechts (meist wird nach wie vor die binäre Differenzierung zwischen Frau und Mann vorgenommen) in Sachen Karriere unterscheiden, existieren zwei konträre Sichtweisen.

Aus der psychobiologischen Perspektive wird betont, dass Nachteile von Frauen gleichsam angeboren sind (daher der Bezug auf das biologische Geschlecht, im Englischen „Sex“). Im Rahmen der Evolution haben die Geschlechter unterschiedliche Merkmale entwickelt, die sich in verschiedenen Denkstilen, Motivationen und Verhaltensweisen ausdrücken. So wird argumentiert, dass beispielsweise Konkurrenz- und Dominanzverhalten bei Männern eher „in ihrer DNS“ liegt als bei Frauen, was ihnen in einer patriarchal geprägten Gesellschaft und Arbeitswelt Karrierevorteile verschafft und damit ihr berufliches Fortkommen begünstigt.[93]

Im Gegensatz dazu betont die sozialwissenschaftliche Perspektive die Wirkung sozialer Geschlechterrollen. Diese Positionen beziehen sich auf die geschlechtsspezifische Sozialisierung nach Normen und Werten in einer Gesellschaft (im Englischen „Gender“). Gender entsteht also im Zusammenspiel von Individuen mit gesellschaftlichen Dynamiken und Machtverhältnissen. Letztere haben sich seit Jahrtausenden in gesellschaftliche Strukturen und individuelle Denkmuster eingeprägt.[94] Karrierebezogene Schieflagen ergeben sich dann aus Rollen, die den Geschlechtern zugewiesen werden, oder aus Stereotypen, die Verhaltenserwartungen prägen. Männer sind nach diesen Erklärungen nicht biologisch besser für Konkurrenzverhalten geeignet, sondern man erwartet es gesellschaftlich von ihnen – und bestraft Frauen, die sich so verhalten. Diese Verhaltensmuster führen dann ebenfalls zu Karrierevorteilen für Männer und Nachteilen für Frauen.

Erklärungen für Karrierenachteile sind dabei oft metaphorisch, wie die viel zitierte „gläserne Decke“.[95] Sie verweist darauf, dass unsichtbare struktu-

[93] Bischof-Köhler 1990.

[94] Bourdieu und Wacquant 1996.

[95] Hymowitz und Schellhardt 1986.

relle Hürden einen Aufstieg verhindern. Begründet wird dies damit, dass Frauen die Minderheit bilden und Männer daraus bewusst oder unbewusst einen Vorteil schlagen.[96] Gleichzeitig geraten Frauen in Berufen, in denen sie die Mehrheit repräsentieren, wie etwa in der Elementarpädagogik, Krankenpflege, Sozialarbeit oder Geburtshilfe, ebenso karrieretechnisch ins Hintertreffen. Auch in diesen Berufen verdienen Männer schneller mehr und sie steigen rascher auf.[97] Dieses Phänomen nennt sich „Glass Escalator“ (gläserne Rolltreppe), weil die Mechanismen der Beförderung nicht offensichtlich sind und es schwer ist, sich ihnen zu entziehen (wer von uns hat nicht schon einmal versucht, auf einer Rolltreppe in die entgegengesetzte Richtung zu gehen?). Auch dieser Effekt hat sich in den letzten 20 Jahren nicht nennenswert abgeschwächt.[98] Das verdeutlicht, dass soziale und strukturelle Zuschreibungen nicht so einfach zu ändern sind. Die patriarchale Prägung unserer Gesellschaft erweist sich also bis heute als hartnäckig, und dennoch ist Veränderung möglich. Das zeigen die im Kapitel 7 beschriebenen ViCaPP-Befunde zu Mikropolitik und Rollenerwartung. Ältere Studien verwiesen nämlich darauf, dass Frauen, die sich in Führungspositionen stereotypisch „maskulin“ bzw. „agentisch“ verhielten, weniger Karrierechancen hatten, während das mutige und durchsetzungsstarke Auftreten von Männern belohnt wurde.[99] Aktuelle Ergebnisse verdeutlichen jedoch, dass sich diese traditionell erfolgversprechenden Verhaltensweisen über die Zeit verändert haben.

Wichtig ist auch anzumerken, dass die Kategorisierung von Geschlecht in zwei Ausprägungen zunehmend problematisiert wird. So gibt es ein breites Spektrum intersexueller Personen mit Varianten in der biologischen Geschlechtsentwicklung, die dieser Einteilung nicht entsprechen. Zusätzlich gibt es nicht-binäre Personen, die sich in ihrem sozialen Geschlecht nicht ausschließlich mit männlich oder weiblich identifizieren, und transsexuelle Personen, die sowohl biologisch als auch sozial die Kategorien wechseln. Allerdings ist der Forschungsstand in Bezug auf Karrieren hier noch dürftig.[100]

---

96 Kanter 1977.

97 Malin und Wise 2018.

98 Schneidhofer, Nöhammer, Kattenbach und Latzke 2021.

99 Eagly und Karau 2002.

100 Fontana, Koellen und Nuttavuthisit 2022.

Was wir jedoch beispielsweise wissen, ist, dass Transpersonen bei Bewerbungen und Jobinterviews diskriminiert werden und sie vielen Mikroaggressionen wie Witzen, Brüskierungen, Ausgrenzung oder Belästigung ausgesetzt sind.[101]

Die Karriere-Kluft ist immer und überall?

Der bestehende Einkommensunterschied zwischen Frauen und Männern wurde bereits weiter oben thematisiert. Grundsätzlich bieten drei Argumentationsgänge Erklärungen dafür an:

1. Unterschiede in der Persönlichkeit und/oder Biografie. Frauen finden aus verschiedenen Gründen im Schnitt eine prestigereiche Position mit entsprechendem Einkommen nicht so attraktiv wie Männer. Auch geschlechtsspezifische Unterschiede bei der sozialen Herkunft oder der Bildungskarriere sind mögliche Ursachen.
2. Unterschiedliche berufliche Entwicklungen. Diese Begründung bemüht das Ergebnis von Entscheidungen, etwa den höheren Teilzeitanteil bei Frauen, oder dass die lukrative Führungs- und/oder „Konzernkarriere" in Großunternehmen eher von Männern verfolgt wird.
3. Unterschiedliche Tätigkeitsbereiche. Hier steht die (häusliche) Privatsphäre im Vordergrund. Frauen sind demnach weit mehr mit Haushalts-, Pflege- und Erziehungsverpflichtungen belastet als Männer.

Diese Ursachen für Einkommensunterschiede sind teilweise miteinander verwoben und können auch auf die geschlechterspezifische Bewertung von Sorge- und Lohnarbeit zurückgeführt werden. Dass Frauen mehr Sorgearbeit übernehmen als Männer, hat Einfluss auf die Entscheidung, mehr Teilzeit zu arbeiten, und macht prestigereiche Positionen mit besseren Einkommensaussichten, die schwer mit Haushalts-, Pflege- und Erziehungsverpflichtungen zu vereinen sind, weniger erstrebenswert. Zusätzlich ist der Arbeitsmarkt unterteilt in schlecht bezahlte, weiblich dominierte Karrieren im Sozialbereich und lukrative, männlich dominierte Karrieren in Privatkonzernen. Was in unserer

101 McFadden 2015; McFadden 2020.

Gesellschaft Wert hat und finanziell entlohnt wird, ist also geschlechterspezifisch.

Wie sehr treffen diese Erklärungen für unsere Absolventinnen und Absolventen zu? Um das zu untersuchen, haben wir Gruppen von Frauen und Männern ausgewählt, die sich außer durch ihr Geschlecht möglichst wenig unterscheiden im Hinblick auf ihre

- → Personenmerkmale: nur Frauen und Männer mit (beinahe) gleichen Persönlichkeitsmerkmalen, sozialem Hintergrund, Studienerfolg und Alter;
- → Jobmerkmale: nur Frauen und Männer mit (beinahe) gleichem Beschäftigungsumfang, Anteil an Führungskräften und vergleichbarer Unternehmensgröße;
- → soziale Situation: nur Frauen und Männer mit (beinahe) gleicher familiärer Sorgearbeit: nur Jahre ohne Kinder, keine Ehe oder Partnerschaft im gemeinsamen Haushalt; und zu guter Letzt ein
- → Kombinationsszenario: nur Frauen und Männer, die sich bei Personenmerkmalen, Jobmerkmalen und der sozialen Situation sehr ähnlich sind.

Abbildung 15 zeigt die durchschnittliche Einkommensentwicklung für Frauen und Männer in der Gesamtstichprobe (ohne Beschränkung auf die sich ähnelnden Frauen und Männer) und für die vier oben beschriebenen Ähnlichkeitsszenarien.[102]

[102] Einzelfälle mit extrem hohen Einkommen weit jenseits der restlichen Stichprobe wurden dabei zwecks Verzerrungsminimierung herausgefiltert. Zudem wird das nominale (also jeweils von den Panelmitgliedern angegebene) Einkommen dargestellt, es erfolgt also keine Inflationsanpassung o.Ä. Die lineare Darstellung spiegelt natürlich nicht genau die tatsächlichen Einkommensverläufe wider, sie bildet die beobachteten Trends und die diesbezüglichen Kohortenunterschiede aber gut ab. Die Schwankungsbreite (Standardfehler) für den geschätzten Gender Pay Gap liegt je nach Kohorte und Szenario zwischen knapp 2.000 und rund 3.700 Euro.

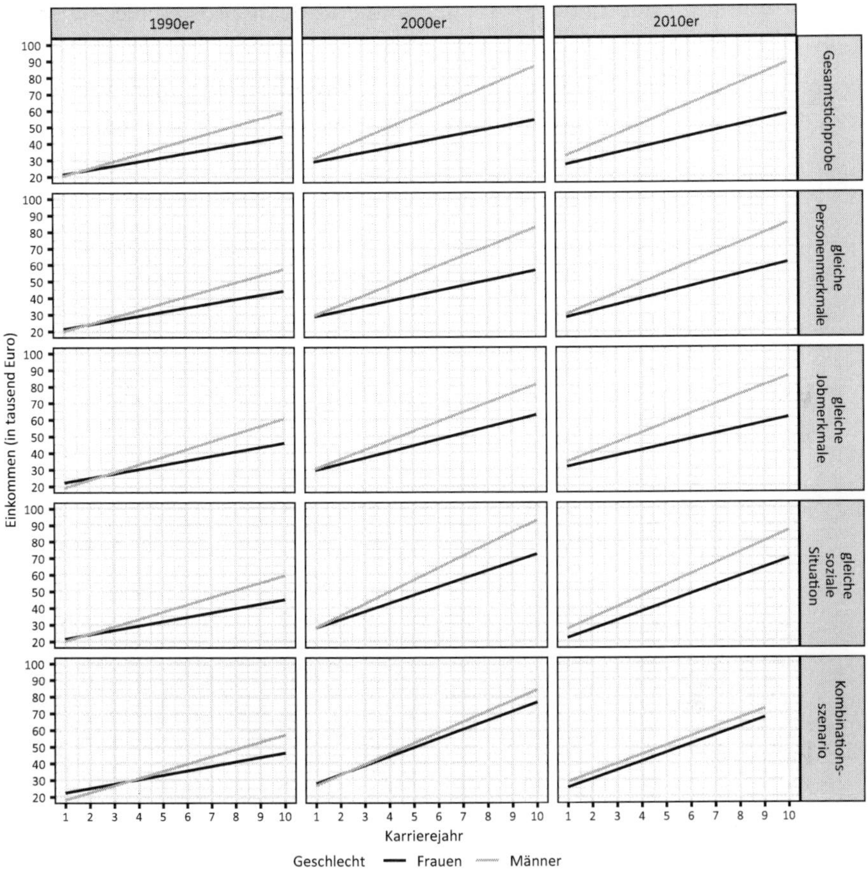

Abbildung 15: Einkommensunterschiede je nach Ähnlichkeit zwischen Frauen und Männern

Einige Kernergebnisse dieser Abbildung in Worten und Zahlen:

- ➜ Der Einkommensunterschied ist beim Karriereeinstieg kaum bis gar nicht vorhanden und wächst erst im Laufe der Zeit an.
- ➜ Fassen wir alle Kohorten zusammen, beträgt der über zehn Jahre gemittelte Einkommensnachteil von Frauen 24 Prozent. In den 1990er Jahren lag er bei 18 Prozent, in der 2000er und der 2010er Kohorte verschlechterte er sich hingegen auf rund 30 Prozent.

- Die Einbuße der Frauen beim Einkommens*zuwachs* beträgt über alle Kohorten hinweg 46 Prozent. In den einzelnen Kohorten ging es hier auf- und abwärts, und zwar in einer Pendelbewegung zwischen 40 und 56 Prozent.
- Bei (fast) gleichen Personenmerkmalen verringert sich der Einkommensunterschied bei Gesamtbetrachtung aller Kohorten nur wenig. Bloß in der jüngsten Kohorte zeigt sich ein etwas größerer Rückgang, und zwar von 30 auf 23 Prozent. Die Unterschiede in Persönlichkeit und Herkunftsmerkmalen sind demnach keine tragfähige Erklärung für die deutlichen Einkommensunterschiede zwischen Frauen und Männern.
- Sehr ähnlich fallen die Ergebnisse bei Gleichstellung bezüglich der Jobmerkmale aus. Bei Gesamtbetrachtung aller Kohorten verringert sich die Kluft gerade mal von 24 Prozent in der Gesamtstichprobe auf 19 Prozent.
- In den beiden älteren Kohorten (1990 und 2000) hat kinderloses Singledasein („gleiche soziale Situation") einen ähnlichen Effekt wie gleiche Personen- oder Jobmerkmale. In der 2010er-Kohorte resultiert das hingegen in mehr Gleichheit zwischen Frauen und Männern, vor allem beim Einkommenszuwachs.
- Die Kombination aller Gleichstellungsmerkmale führt schließlich in allen Kohorten zu einer deutlichen Verringerung des Einkommensunterschiedes. Allerdings beträgt die Einbuße der Frauen beim Durchschnittseinkommen in diesem Szenario bei Gesamtbetrachtung aller Kohorten noch immer 13 Prozent. Beim Einkommenszuwachs verringert sich die Schere von 39 Prozent in der 1990er-Kohorte auf 15 Prozent in der 2000er-Kohorte und drei Prozent in der 2010er-Kohorte.

Insgesamt hat sich hinsichtlich der Einkommen(sentwicklung) die Situation der Frauen demnach nicht verbessert, sondern im Vergleich zu den 1990er Jahren sogar verschlechtert. Die Gleichhaltung der Personenmerkmale ändert daran nur wenig, und auch gleiche Jobmerkmale sorgen nur in der 2000er-Kohorte für ein etwas geringeres Auseinanderdriften. Betrachten wir hingegen Frauen ohne Kinder und gemeinsamen Haushalt, so zeigt sich in den beiden jüngeren Kohorten ein merklich steilerer Einkommensanstieg bei den Frauen und im Schnitt ein Bonus von rund 10.000 Euro am Ende des ersten

Karrieredezenniums im Vergleich zu den Frauen, die nur bezüglich Personen- oder Jobmerkmalen den Männern sehr ähnlich sind. Erst wenn wir bei allen Ausgangsbedingungen (weitgehend) „gleichstellen", schrumpft die Einkommensdifferenz sehr deutlich, vor allem in den jüngeren Kohorten.

Auch wenn Einkommensunterschiede in der öffentlichen Diskussion das zentrale Thema sind, sind Frauen gegenüber Männern auch beim Aufstieg benachteiligt, Letzteres unserer Metaanalyse in Kapitel 4 zufolge allerdings in deutlich geringerem Ausmaß; bei der Karrierezufriedenheit fanden sich keine Unterschiede.

Wie wirkt sich Gleichstellung bezüglich der Voraussetzungen auf die Unterschiede bei Aufstieg und Zufriedenheit aus? Abbildung 16 zeigt die Geschlechterunterschiede für alle drei Erfolgsgrößen in der Gesamtstichprobe und für das „Kombinationsszenario", in dem nur Frauen und Männer verglichen werden, die sich bei Personen- und Jobmerkmalen sowie der familiären Situation kaum unterscheiden. Wie in den Kapiteln zu Persönlichkeit (Kap. 6) oder Mikropolitik (Kap. 7) stehen die Balken für Korrelationen, wobei negative Koeffizienten für eine Benachteiligung von Frauen stehen.

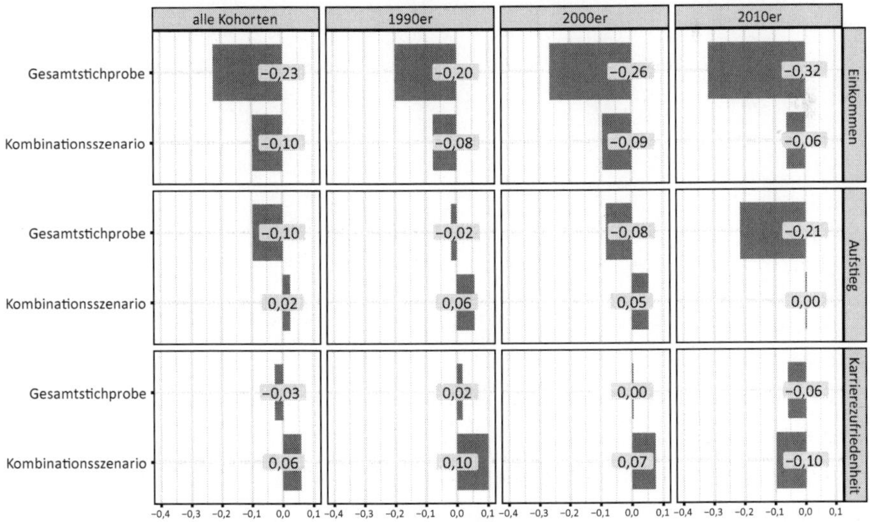

Abbildung 16: Geschlechterdifferenzen bei Einkommen, Aufstieg und Zufriedenheit

Für die Gesamtstichprobe fällt der (zuvor detaillierter und im Längsschnitt betrachtete) Einkommensnachteil von Frauen wie bereits festgestellt beträchtlich aus (und auch höher aus als in unserer Metaanalyse). Beim Aufstieg ist der Unterschied wie in unserer Metaanalyse deutlich geringer und auch niedriger als beim Einkommen. Bezüglich Karrierezufriedenheit gibt es hier wie dort keinen nennenswerten Unterschied. Im Kohortenvergleich zeigt sich wie bereits erwähnt, dass sich die Einkommensnachteile von Frauen eher vergrößern. Selbiges trifft auch für den Aufstiegserfolg zu. Die Karrierezufriedenheit fällt daher wenig überraschend bei den Frauen in der jüngsten Kohorte (2010er) am schlechtesten aus.

Beim Kombinationsszenario (nur kinderlose Singlefrauen und -männer mit beinahe gleichen Personen- und Jobmerkmalen) pendeln sich in Gesamtbetrachtung aller Kohorten die Einkommensnachteile der Frauen auf niedrigem Niveau ein. Beim Aufstieg in den 1990er und 2000er Jahren zeigt sich sogar ein tendenzieller und minimaler Vorteil für Frauen. Dementsprechend ist die Karrierezufriedenheit der Frauen in der 1990er und 2000er Kohorte leicht höher als bei den Männern. In der 2010er Kohorte ging es allerdings wiederum in die entgegengesetzte Richtung.

„Androgynisierung" als Erfolgsstrategie?

In einer weiteren Betrachtung wollen wir über binäre Betrachtungen von Geschlecht hinausgehen und anstelle der Mann-Frau-Dualität gleichsam allen Personen mehrere Optionen für ihre Geschlechterrollen offenhalten. Das bedarf einiger Worte zum Begriff „Geschlechtsrollentypen".

Wir alle haben Stereotype im Kopf, wie sich Individuen in einem bestimmten Körper zu verhalten haben. Dabei handelt es sich um gedankliche Schubladen, in die wir Menschen aufgrund der (vermeintlichen) Zugehörigkeit zu einer bestimmten (Geschlechts-)Gruppe stecken. Gleichzeitig wollen wir vielen dieser Vorstellungen aufgrund der gesellschaftlichen Erwartungen gerecht werden. Ein Mann erscheint nach diesen Stereotypen traditionell als „männlich", wenn er etwa durchsetzungsstark, aggressiv, dominant, unabhängig und kompetitiv auftritt. Eine Frau wirkt stereotyp „feminin", wenn sie beispielsweise selbstlos, kümmernd, unterstützend, empathisch und gemeinschaftsorientiert agiert.[103]

Uns allen ist aber genauso klar, dass auch Männer Empathie zeigen oder Frauen auf den sprichwörtlichen Tisch hauen können. Sowohl Frauen als auch Männer können also Verhaltensweisen, die landläufig primär einem der beiden Geschlechter zugeschrieben werden, vereinen – oder ihnen beiden entsagen. Das führt idealtypisch zu vier Geschlechtsrollentypen:

1. Maskuline Personen zeigen stark maskulines und nur schwach feminines Verhalten.
2. Feminine Personen zeigen stark feminines und nur schwach maskulines Verhalten.
3. Undifferenzierte Personen können weder dem einen noch dem anderen Grundtypus (feminin/maskulin) zugeordnet werden.
4. Androgyne Personen vereinen männlich und weiblich konnotierte Verhaltensmuster in ähnlichem Maß.

Mittels Fragen zu Persönlichkeit und Selbstdurchsetzung haben wir konkrete Personen diesen Idealtypen zugeordnet.[104] Abbildung 17 zeigt die Einkommensentwicklung, wiederum in linearer Darstellung.[105]

103 Eckes 2004.

104 Schneidhofer, Schiffinger und Mayrhofer 2012.

105 Für die geschätzten Einkommensunterschiede zwischen den Geschlechtsrollentypen liegt die Schwankungsbreite (Standardfehler) je nach Kohorte, Geschlecht und Geschlechtsrollentypus zwischen rund 2300 und knapp 3400 Euro.

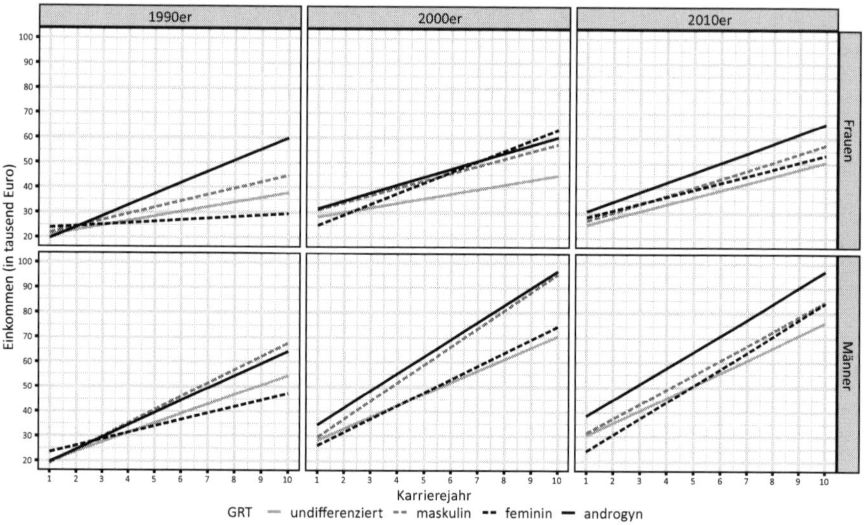

Abbildung 17: Geschlechtsrollentypen und ihre Einkommensentwicklung

Auch hier ist ersichtlich, dass die Einkommensunterschiede in der jüngeren Kohorte größer werden. Bezüglich unserer vier Idealtypen lässt sich Folgendes sagen:

- → Androgynisierung stellt sowohl für Frauen als auch Männer eine im Verlauf der letzten drei Jahrzehnte zunehmend erfolgversprechende Strategie dar.
- → Feminin agierende Männer sind in der jüngsten Kohorte in Bezug auf Einkommen weniger stigmatisiert als früher und schließen dort zum maskulinen Typus auf.
- → Der undifferenzierte Typus ist hingegen sowohl für Frauen als auch für Männer immer am wenigsten erfolgsversprechend.
- → Feminin auftretende Frauen zogen in den 1990er-Jahren besonders den Kürzeren, konnten aber in den jüngeren Kohorten zu den anderen Typen aufschließen.

Somit erscheint Androgynität – eine Kombination von femininen und maskulinen Stereotypen sowohl für Männer als auch für Frauen – als lohnenswerte Option für die Teilnehmenden unserer Studie. Wenn man derart aus der Rolle fällt, rollt man aus der Falle:[106] eine Vereinbarung von Durchsetzungsstärke und Empathie, Gemeinschaftsorientierung und Dominanzstreben usw. Eine schlechte Idee nach Maßstäben des Karriereerfolgs ist es hingegen, keinen Geschlechtsrollenstereotypen zu entsprechen. Es zahlt sich also nicht aus, alle Erwartungen gleichzeitig (und immer) zu enttäuschen. Noch besser wäre es, Stereotypen aufzubrechen und die Erwartungshaltungen zu verbreitern.

Fazit und Ausblick

Hat sich die Situation von Frauen in den letzten drei Jahrzehnten verbessert? Nein und ja. Frauen verdienten in diesem Zeitraum im Durchschnitt um rund ein Viertel weniger als Männer. Besonders bedenklich ist der Befund, dass der Einkommensnachteil bei einer Differenzierung der drei Kohorten im Zeitverlauf nicht ab-, sondern im Vergleich zu den 1990er Jahren sogar um zwei Drittel zunimmt.

Die Analyse der durchschnittlichen Einkommenszuwächse macht allerdings deutlich, dass die Situation von Frauen ein klein wenig besser wurde. In den betrachteten drei Jahrzehnten reduzierte sich der bereinigte Unterschied von 39 auf drei Prozent. Das ist allerdings mit einer Bedingung verknüpft, die nur für die wenigsten realisierbar scheint: Frauen müssen ihre Kapazitäten auf den Beruf richten und dürfen keinen familiären Sorgepflichten ausgesetzt sein. Und auch das nur, wenn sie Männern in Sachen Personen- und Jobmerkmale ähneln.

Den größten Zufriedenheitsvorsprung gegenüber den Männern weisen die Frauen der 1990er auf. Die jüngste Frauenkohorte jedoch sieht sich unzufriedener. Es sind zwar nur Nuancen in der Ausprägung, aber selbst die in den Ausgangsvoraussetzungen den Männern ähnlichsten Frauen empfinden einen subjektiv geringeren Karriereerfolg als ihre männlichen Pendants.

Damit stellen sich zwei Fragen: 1. Warum werden die Einkommensnachteile von Frauen im Zeitverlauf eher größer? 2. Warum zeigt sich gerade in

[106] Dieser Spruch wird der bekannten Psycho- und Familientherapeutin Virginia Satir (1916-1988) zugeschrieben.

der 2010er-Kohorte eine leichte Verschlechterung bei den objektiven und subjektiven Karrieren für Frauen? Offensichtlich sind in den 1990er-Jahren das Empowerment durch feministische Bewegungen, die Verflachung der Hierarchien und mehr Selbststeuerung den Frauen entgegengekommen. Im Anschluss daran haben die forcierte Globalisierung und Prekarisierung sowie die aufgezeigte Angebots-/Nachfrage-Diskrepanz bei Absolventinnen und Absolventen für potenzielle Führungsfunktionen die Karrierebedingungen nachhaltig verändert. Wir haben das sowohl im Kapitel 6 „Persönlichkeit" als auch im Kapitel 7 „Mikropolitik" gesehen. Dazu kommt: Im Vergleich zu den 1990ern haben Frauen in den jüngeren Kohorten mehr Optionen, zu den Männern aufzuschließen – aber nur, wenn sie ihnen bei Personenmerkmalen und Karrierefokus ähneln und das klassische Familienmodell meiden, das durch Karenzzeiten etc. entsprechend negative Effekte aufweist (oft als „motherhood penalty" und „fatherhood bonus" bezeichnet). Tun sie das nicht, dann fallen sie beim Einkommen tendenziell sogar weiter zurück als früher. Das wirkt negativ auf Karrierezufriedenheit – wenig überraschend angesichts einer gesellschaftlich wenigstens an der Oberfläche immer stärker verankerten Norm der Gleichstellung und der entsprechenden Erwartungshaltung bei Frauen.

Es ist durchaus möglich, Unzufriedenheit als Ergebnis der Diskrepanz von Erwartungen und Wirklichkeit zu betrachten. Je höher unsere Erwartungen, desto größer ist auch die potenzielle Fallhöhe in Bezug auf eine konkrete Situation, sofern die Eintrittswahrscheinlichkeit einer vorgestellten Wirklichkeit gering war. Dafür gibt es zwei Stellschrauben: Zum einen kann aktiv die Wirklichkeit beeinflusst werden, um deren Eintrittswahrscheinlichkeit zu erhöhen. Das ist wohl „das lange Spiel", wo man Rahmenbedingungen schafft, in denen strukturelle Ungleichheiten begradigt werden. Das „kürzere Spiel" besteht darin, an den eigenen Erwartungen zu arbeiten und diese realistisch zu reflektieren. Das bedeutet wiederum nicht, dass man jenen Rahmen, den wir vorfinden, einfach so akzeptiert. Sondern wir erweitern den Handlungshorizont und dehnen ihn so, wie es möglich ist, durch Reflexion. In letzter Konsequenz werden dadurch die beiden Spiele nicht unabhängig voneinander zu spielen sein.

Damit scheint ein allgegenwärtiges und weltweit beobachtbares Phänomen erneut akut zu werden: Dort wo sich die Rahmenbedingungen verschlechtern, fallen diesen in der Regel verstärkt Frauen und weniger Männer zum Opfer. Was kann Geschlechtergerechtigkeit in Managementkarrieren schlussendlich für unsere Gesellschaft bedeuten? Wer übernimmt die Sorgearbeit, wenn Frauen ebenso wie Männer gut bezahlte Konzernkarrieren verfolgen? Wer sorgt für die Kinder, Alten und Kranken in unserer Gesellschaft? Die schlecht bezahlte Nanny, Kranken- oder Altenpflegerin? Was ist für die Gleichberechtigung gewonnen, wenn Frauen aus niedrigeren sozioökonomischen Schichten, oft mit Migrationshintergrund aus dem globalen Süden, unter prekären Arbeitsbedingungen die Sorgearbeit der Frauen in Managementkarrieren übernehmen? Solange diese Arbeiten nicht anders entlohnt und gleichwertig zwischen Männern und Frauen verteilt werden, verschieben sich die Geschlechterungleichheiten von höheren zu niedrigeren sozialen Schichten.

Haben es Männer leichter, nach objektiven Maßstäben erfolgreich zu sein? Insgesamt immer noch ja, auch wenn sich in den letzten Jahrzehnten viel für Frauen verbessert hat durch das Zusammenspiel von veränderter gesellschaftlicher und individueller Bewusstseinslage und äußerem Rahmen wie Quotenregelungen oder positiver Diskriminierung. Ist „klassisches Mann-Sein“ für Männer von Einkommensvorteil? Nein. Eine Androgynisierung des Rollenverhaltens ist zunehmend erfolgversprechend bei gleichzeitig geringerer – aber noch immer deutlich vorhandener – Erfolgsrelevanz maskulinen Verhaltens.

SCHNAPPSCHÜSSE AUS DER ACHTERBAHN: GESCHLECHT UND KARRIERE

Der Einkommensunterschied zwischen den Geschlechtern entwickelt sich für unser ViCaPP-Sample in allen Kohorten erst im Karriereverlauf. Im Kohortenvergleich wird er größer anstatt kleiner, außer wenn nur Karrieren von Frauen und Männern betrachtet werden, die sich persönlich, biografisch, beruflich und punkto privater Situation gleichen. Ein ähnliches Muster ergibt sich – wenngleich weniger ausgeprägt – für den Aufstieg.

Beim subjektiven Karriereerfolg sind die Frauen in der jüngsten Kohorte erstmals etwas weniger zufrieden als die Männer.

→ Welche Erwartungen habe ich an mich als Mann/Frau/divers für meine Karriere?
→ Welche Erwartungen hat mein Umfeld (die „signifikanten anderen") an mich?
→ Wie gehe ich mit diesen Erwartungen um? Wie kann ich meinen Handlungshorizont erweitern?

Im Hinblick auf Geschlechtsrollentypen geht explizit feminines Verhalten mit weniger Einkommensnachteilen einher als früher, „Androgynisierung" (das Kombinieren weiblich und männlich konnotierter Verhaltensmuster) scheint hier aber der erfolgversprechendste Zugang zu sein.

Dass der Kontext eine wichtige Rolle spielt, haben wir nun schon sehr oft betont. Diese Umwelt verändert sich aber ständig, und oftmals in einer als schwierig empfundenen Art und Weise. Im folgenden Kapitel werden wir uns nun dem Thema „Krise" zuwenden und noch stärker den Kontext beleuchten, in dem Karrieren stattfinden.

Kapitel 10:

Was, wenn der Strom ausfällt? Krisen und Karriereschocks

Petra Eggenhofer-Rehart/Wolfgang Mayrhofer

Am 2. August 1914 notierte Franz Kafka in sein Tagebuch: „Deutschland hat Russland den Krieg erklärt. – Nachmittag Schwimmschule."[107] Zynisch-überspitzt illustriert dies, was uns wohl bekannt vorkommt: die auf disruptive Ereignisse rasch folgende Abstumpfung. Doch fällt uns die Rückkehr zur Tagesordnung angesichts der aktuellen Lage noch immer so leicht? Der Duden definiert Krise als „schwierige Lage, Situation, Zeit [...]; kritische Situation; Zeit der Gefährdung, des Gefährdetseins; Herkunft aus dem Griechischen *krísis*: Entscheidung, entscheidende Wendung". In den letzten Jahren war das Gefühl des Gefährdetseins mehr oder weniger unser täglicher Begleiter, Krisen sind allgegenwärtig. Sie können bedrohlich für unsere Exis-

[107] Kafka 2008.

tenz sein, gehen mit materiellen oder ideellen Verlusten einher und zeigen uns, auf wen wir in schwierigen Zeiten bauen können. Oft erkennen wir nach einer Krise auch, dass sich unsere Sicht auf die Welt grundlegend verändert hat, dass wir nicht mehr dieselbe Person sind wie zuvor. Dies gilt für unser Leben im Allgemeinen, aber auch für einzelne Lebensbereiche wie die Karriere.

In diesem Kapitel stellen wir Überlegungen zur Bedeutung von Krisen in den Kontext der Karriere. Dazu machen wir eine kleine Bestandsaufnahme zu Krisen und geben dann anhand der 2007 ausgebrochenen Wirtschafts- und Finanzkrise sowie der Corona-Krise und untermauert von Forschungserkenntnissen Antworten auf drei Fragen: Erstens: Wir haben in den vorangegangenen Kapiteln gesehen, dass unsere Karrierekapitalien unseren Karriereerfolg beeinflussen. Je nach Situation schätzen wir sie als unterschiedlich hilfreich ein. Welchen Einfluss haben Krisen auf unsere Arbeitsmarktchancen, konkret auf die Selbsteinschätzung von Karrierekapitalien? Zweitens haben wir gesehen, dass unsere Karrieren im sozialen Kontext stattfinden. Wir werden von Menschen, die wir zu unserem sozialen Kapital zählen, etwa Vorgesetzte, Kolleginnen und Kollegen, unterstützt und gefördert. Daher: Wie sehr hilft uns soziale Unterstützung beim Umgang mit Krisen? Drittens: Krisen bringen uns dazu, grundsätzlich über unser Leben nachzudenken, natürlich auch über unsere Karriere als wichtigen Teil unseres Lebens. Wir fragen: Welche Gründe hat das und was verändert sich dadurch in unseren Karrieren? Abschließend wagen wir einen vorsichtigen Blick in die Zukunft.

Krise ist nicht gleich Krise

Wie sehr Krisen unser Leben durchdringen, spiegelt sich auch in der Kommunikation im virtuell-öffentlichen Leben und in der Wissenschaft wider. Google Scholar, eine Suchmaschine für wissenschaftliche Literatur, bildet in Zahlen ab, wie sich die Anzahl krisenbezogener Publikationen weltweit erhöht (Abbildung 18). Wir erkennen deutlich den Einfluss markanter Ereignisse: Ab 2007 kam es infolge der Ereignisse um geplatzte Hypothekarkredite, Pleiten von Investmentbanken und realwirtschaftlichen Konsequenzen zu einem Anstieg bei der Nennung von Wirtschafts- und Finanzkrisen. Ab 2015 steigerte sich die Zahl der Nennungen von „Krisen“ im Zusammenhang mit Migration und Flucht sprunghaft. Im Jahr 2019, dem Beginn der Fridays-for-Future-Bewegung, begannen sich Publikationen zu Klima- und Umweltkrisen zu häufen. Schließlich stieg 2020 aufgrund der Covid-19-Pandemie die Anzahl der Veröffentlichungen über Gesundheitskrisen sprunghaft an.

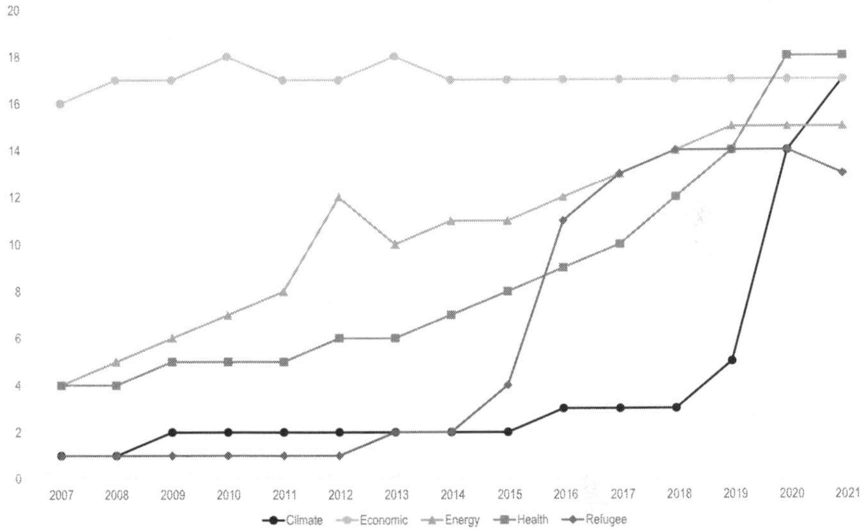

Abbildung 18: Anzahl wissenschaftlicher Publikationen zu verschiedenen Krisen (in Tsd.; Quelle: eigene Berechnungen, basierend auf Google Scholar)

Bemerkenswert ist, dass in den letzten Jahren zu bestehenden Krisen laufend weitere krisenhafte Entwicklungen „obendrauf“ zu kommen scheinen. Die Klimakrise spitzt sich rasant zu, die Corona-Krise ist womöglich noch nicht ausgestanden. Gleichzeitig existieren parallel mehrere Migrationswellen durch immer neue Konfliktherde in und um Europa, nicht zuletzt aber auch durch den Klimawandel. Schließlich hat der von Russland mit belarussischer Unterstützung begonnene Krieg in der Ukraine den Boden für eine Versorgungskrise v. a. mit Blick auf Energie, Rohstoffe und Nahrungsmittel bereitet, mit einer sich anbahnenden neuen globalen Wirtschaftskrise und einem tiefen Umbruch der europäischen und globalen Sicherheitsarchitektur im Schlepptau. Dieses gleichzeitige Auftreten verschiedener weitreichender und miteinander zusammenhängender Krisen bezeichnet die Fachwelt als „Polykrise".[108] Das Bedrohliche an der Polykrise ist, dass die Achterbahn irgendwann nur noch eine einzige Richtung kennt: abwärts, und zwar immer schneller und steiler.

Krisen werfen viele, auch weit über dieses Buch hinausgehende Fragen auf. Hier widmen wir uns zunächst jener: Wie beeinflussen Krisen die Einschätzung unserer Beschäftigungsfähigkeit am Arbeitsmarkt und unserer Karrierekapitalien? Dazu sehen wir uns die Finanz- und Wirtschaftskrise ab 2007 an, die sich aufgrund ihrer Herausforderungen für die Arbeitsmärkte zur Beantwortung dieser Frage besonders eignet.

Wirtschaftskrise und Beschäftigungsfähigkeit

Die 2007 von der Immobilienkrise in den USA ausgehende globale Finanz- und Wirtschaftskrise, auch *„Great Recession"* genannt, erschütterte zunächst die Finanzwelt und später die weltweite Realwirtschaft für mehrere Jahre. Im öffentlichen Gedächtnis geblieben sind die Pleite der Investmentbank Lehman Brothers am 15. September 2008 und die Bilder von ehemaligen Angestellten, die, in schicke Anzüge gekleidet und umringt von Presseleuten, ihre persönlichen Gegenstände in Kartons aus der New Yorker Firmenzentrale trugen. Die Finanzkrise griff in der Folge auf die Realwirtschaft über und wuchs sich aus der Sicht des Internationalen Währungsfonds zur schwersten weltweiten Rezession seit den 1930er-Jahren aus. Sie schlug in Nordamerika und Europa voll ein und verursachte dort über einige Jahre sogar ein Schrumpfen der Wirtschaftsleistung. Die Auswirkungen auf dem Arbeitsmarkt waren in der gesamten Euro-Zone mit einiger Verzögerung deutlich zu spüren. Das erschütterte die über Jahrzehnte im Grundsatz ungebrochene Überzeugung einer mittelfristig positiven Wirtschaftsentwicklung und eines stabilen Wirtschaftssystems. Gleichzeitig wurde deutlich, dass solche Einschnitte auch – und vielleicht gerade – vor gut Ausgebildeten nicht haltmachten. Mit steigenden Arbeitslosenquoten fragten sich immer mehr Erwerbstätige, ob sie im nächsten Monat noch einen Job haben würden. Auch die Medien trugen mit ihrer lau-

[108] Homer-Dixon, Renn, Rockstrom, Donges und Janzwood 2021.

fenden Berichterstattung zur Verunsicherung bei. Die Karriereforschung kennt für solche disruptiven und ungewöhnlichen Ereignisse, die wir selbst meist nicht kontrollieren können, den Begriff „Karriereschock".[109]

Karrierekapitalien und Beschäftigungsfähigkeit

Schon in den Jahren vor der Krise hatten Karriereratgeber und Arbeitgeber das alte Modell der lebenslangen relativen Jobsicherheit für obsolet erklärt und angefangen, angesichts sich anbahnender massiver Umbrüche in der Arbeitswelt die Beschäftigungsfähigkeit (Employability) als Heilmittel zu beschwören. Dahinter steht der seit den 1990ern zu beobachtende Wandel von einem relationalen zu einem transaktionalen psychologischen Vertrag.[110] Psychologische Verträge sind die stillschweigende Übereinkunft darüber, was wir wechselseitig voneinander erwarten, und gehen im Arbeitskontext über das hinaus, was im Arbeitsvertrag schriftlich festgehalten ist. Im Kern des *relationalen* psychologischen Vertrags steht die gegenseitige Erwartung, auf Basis einer langfristigen Beziehung zu handeln. Die Beschäftigten stellen ihre Arbeitskraft bereit und erwarten dafür längerfristige Beschäftigung mit entsprechender Entlohnung. Im *transaktionalen* psychologischen Vertrag ist das anders. Hier denken beide Seiten in recht kurzfristigen Austauschbeziehungen. Diese bleiben aufrecht, solange es für beide Seiten passt. Allerdings sind alle Beteiligten permanent auf der Suche nach einem noch besseren Arrangement.

In der Management- und Karriereforschung ist auch das Bewusstsein für die Rolle des Kontexts für Beschäftigungsfähigkeit gewachsen. Employability wird heute nicht nur als von der Person und ihrem Karrierekapital abhängig gesehen, sondern auch von der Arbeitsmarktlage. Schließlich nützen die besten Qualifikationen und umfangreichsten Erfahrungen nichts, wenn die Wirtschaft am Boden liegt und es nur wenige Jobs gibt. Neben diesen Mikro- und Makrofaktoren unterscheidet die Forschung zwischen objektiver und subjektiver Employability. Indikatoren für unsere objektive Beschäftigungsfähigkeit sind etwa Bildungsniveau, Beschäftigungsdauer oder Jobwechsel innerhalb einer bestimmten Zeitspanne. In diesem Kapitel konzentrieren wir

109 Akkermans, Seibert und Mol 2018.

110 Rousseau 1996.

uns aber auf die subjektive Beschäftigungsfähigkeit: die individuelle Einschätzung der eigenen Jobchancen. Vier der vielfältigen individuellen und strukturellen Einflussfaktoren darauf verdienen besondere Beachtung: das Einkommen, die Karrierekapitalien Leistungsmotivation und Teamfähigkeit sowie das allgemeine wirtschaftliche Umfeld.

Das zuletzt erzielte Einkommen ist ein objektiver Indikator für den Karriereerfolg und hat starke Signalwirkung. Wer viel verdient, sieht darin ein Zeichen der Wertschätzung der eigenen Fähigkeiten und Erfahrungen durch den Arbeitgeber. Und wenn der aktuelle Arbeitgeber diese Fähigkeiten und Erfahrungen zu schätzen weiß, stehen die Chancen gut, dass dies auch potenzielle andere Arbeitgeber tun. Wer ein hohes Einkommen erzielt, wird also eher davon überzeugt sein, einen höheren „Marktwert" zu besitzen.

Leistungsmotivation und Teamfähigkeit sind zwei zentrale Formen unseres Karrierekapitals. Ein Blick auf die Stellenausschreibungen von Unternehmen zeigt, dass sich Engagement, Motivation und Teamfähigkeit unter den Top-Anforderungen an Jobsuchende befinden – und das völlig zu Recht. Denn erstens haben wir im Kapitel 4 „Metaanalyse" gesehen, dass Motivation und Einsatz mit dem Karriereerfolg zusammenhängen. Zweitens sind wir an unseren Arbeitsplätzen zunehmend von der Arbeit anderer abhängig und umgekehrt. Mehr und mehr Jobs erfordern einen hohen Grad an sozialer Interaktion am Arbeitsplatz. Entsprechend achten Arbeitgeber auf die Fähigkeit von Bewerberinnen und Bewerbern, gut mit anderen zusammenzuarbeiten. Organisationen werden also bei der Personalauswahl stark die Leistungsmotivation und Teamorientierung im Blick haben. Wer diese in einem höheren Ausmaß besitzt, hat auch größere Chancen auf Jobangebote – seine Beschäftigungsfähigkeit ist somit größer.

Auch das wirtschaftliche Umfeld entscheidet mit über unsere Chancen am Arbeitsmarkt. Wo es ein größeres Arbeitsplatzangebot gibt, steigt die Wahrscheinlichkeit, dass man im Bedarfsfall rasch einen neuen Job findet. Das Arbeitsplatzangebot wiederum hängt mit der Konjunktur zusammen und wird in Zeiten der wirtschaftlichen Prosperität größer sein als in Krisenzeiten. Diese lässt sich durch verschiedene Indikatoren messen, für potenzielle Effekte auf Karriereerfolg und Karriereerwartungen liegt die Arbeitslosenquote besonders nahe.

Effekte der Wirtschaftskrise

Wir haben die Auswirkungen dieser vier Faktoren auf die subjektive Employability vor und während der Krise anhand der 2000er-Kohorte aus der ViCaPP-Studie (zur Studie siehe Anhang) analysiert. Die Ergebnisse insgesamt: Personen mit höherem Einkommen bewerten ihre Beschäftigungsfähigkeit höher, ebenso jene, die sich als leistungs- und als teamorientierter einschätzen. Auch die Arbeitslosenrate hat einen leichten Effekt auf die subjektive Beschäftigungsfähigkeit. Der detaillierte Vergleich der Phase vor der Krise (2000–2008) mit der Krisenphase (2009–2016) zeigt ebenfalls Interessantes: Während der Krise schätzten sich die Befragten als weniger beschäftigungsfähig ein. Diesen Kriseneffekt sehen wir am Zusammenhang der subjektiven Employability mit Einkommen, Leistungsmotivation, Teamorientierung und Arbeitslosenquote (Abbildung 19). Auch hat während der Krise (rote Linie) das erzielte Einkommen einen viel geringeren Signaleffekt auf die subjektive Beschäftigungsfähigkeit als zuvor (grüne Linie), Teamorientierung wird in der Krise sogar tendenziell zum Nachteil und der negative Effekt der Arbeitslosenquote verstärkt sich.

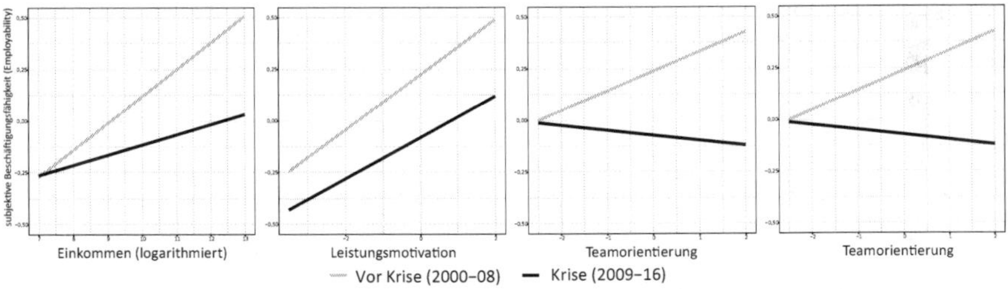

Abbildung 19: Karrierekapitalien und subjektive Beschäftigungsfähigkeit – Effekte der Krise

Wie lassen sich diese Kriseneffekte erklären? Wir haben ja einen verstärkten Selektionsdruck als Ursache für unsere Ergebnisse zur Persönlichkeit (Kap. 6) und Mikropolitik (Kap. 7) diskutiert. Die Kohorte 2010 sah sich mit viel höheren Anforderungen an Jobsuchende konfrontiert als frühere Kohorten, was wesentlich an der gestiegenen Angebots-Nachfrage-Diskrepanz auf dem

Arbeitsmarkt liegt. In der hier betrachteten Krisenperiode kam ein weiterer Faktor hinzu: Die *Great Recession* war ja nicht bloß eine kleine Konjunkturschwäche, sondern eine massive globale Krise mit starken und langanhaltenden Effekten auf das Wirtschaftswachstum und die Arbeitsmärkte in vielen Ländern der Welt – eine bedeutendere Krise als alle anderen wirtschaftlichen Schwächeperioden der Nachkriegszeit. Während in früheren konjunkturellen Flauten hauptsächlich Menschen mit geringerem Bildungsniveau den Verlust ihres Arbeitsplatzes erleben mussten, waren in dieser Krise zum ersten Mal auch Hochqualifizierte in Österreich für längere Zeit spürbar betroffen. Beispielsweise stieg hierzulande die Arbeitslosenquote zwischen 2008 und 2016 von 5,8 auf 9,1 Prozent, also um 57 Prozent. Unter Personen mit universitären Bildungsabschlüssen schnellte sie im selben Zeitraum sogar um 89 Prozent in die Höhe, wenngleich ausgehend von einem niedrigen Niveau von 1,9 auf dann 3,6 Prozent. Die anhaltenden Medienberichte über die schlechte Konjunktur taten ihr Übriges zur Krisenstimmung im Land. Was den negativen Effekt hoher Teamorientierung in der Krise betrifft, so vermuten Betroffene (wohl nicht zu Unrecht), dass dieses Merkmal in Krisen, also unter Bedingungen eines stärkeren Verdrängungswettbewerbs unter Jobsuchenden, weniger geschätzt wird als Wettbewerbsorientierung. Es ist naheliegend, dass Menschen mit hoher Teamorientierung sich dann im Nachteil sehen.

Mit dem Beginn der Krise dürfte Erwerbstätigen stärker bewusst geworden sein, wie sehr ihre Jobchancen von der allgemeinen Wirtschaftslage abhängen. Man nahm sich nunmehr als durch den wirtschaftlichen Kontext deutlich verletzbarer wahr. Die von wichtigen Handelnden in Politik, Wirtschaft und Beratung befeuerte Überzeugung, die eigene Karriere selbst in der Hand zu haben, erhielt ein paar Dellen. Die überstarke Betonung der Eigenverantwortlichkeit (siehe auch das im Kapitel 8 beschriebene Agency-Konzept) war dem Bewusstsein gewichen, dass der Kontext eine sehr wichtige Rolle spielt, indem er zwar Möglichkeiten schafft, aber – besonders in wirtschaftlich schwierigen Zeiten – auch Einschränkungen auferlegt. Das gilt auch für Hochqualifizierte, die sich vor dieser ausgeprägten Krisensituation immer in einer gewissen Sicherheit wiegen konnten, dass ihre gute Ausbildung sie vor Arbeitslosigkeit schützen würde.

Die *Great Recession* ist mittlerweile längst überwunden. Nach einem kurzen globalen Konjunkturaufschwung und einem bemerkenswerten Wandel von Arbeitgeber- zu Arbeitnehmermacht – Stichwort Fachkräftemangel – stellte sich allerdings völlig unerwartet eine auf der persönlichen Ebene noch bedrohlichere und umfassendere Krise ein: die Corona-Krise.

Pandemie und soziale Unterstützung

Erstmals nachgewiesen in China im Spätherbst 2019, begann sich das SARS-Cov2-Virus kurz nach dem Jahreswechsel rasant weltweit auszubreiten. Am 11. März 2020 erklärte die WHO die dadurch ausgelöste Erkrankungswelle zur Pandemie – mit massiven Folgen für unser Leben und unsere Arbeit. Unter der damals herrschenden Annahme einer hohen Sterblichkeitsrate von Covid-19 erließen Regierungen weltweit Kontaktbeschränkungen zur Eindämmung der Verbreitung des Virus. Für manche Branchen wie die Passagierluftfahrt und den Tourismus waren die Auswirkungen verheerend: Gäste blieben aus, Beschäftigte wurden nach Hause geschickt oder betriebsbedingt gekündigt. Im Einzelhandel blieben Filialen geschlossen, ebenso Produktionsstraßen in der Industrie. In Verwaltungen und wissensintensiven Branchen wiederum wurde – häufig buchstäblich von heute auf morgen – vom Büro ins Homeoffice gewechselt. Viele Organisationen waren trotz teils bereits vorhandener digitaler Möglichkeiten darauf schlecht vorbereitet und durchlebten chaotische Tage und Wochen, ehe ausreichende digitale Infrastruktur und Prozesse aufgesetzt und in Gang gebracht waren. Für viele Angestellte waren es einschneidende Erlebnisse zwischen der Angst vor einer Ansteckung, Arbeitsplatzunsicherheit und der anfänglichen gefühlten Ohnmacht auf Seiten der Arbeitgeber und Beschäftigten. Die Pandemie stellte erneut einen externen Karriereschock dar. Das wirft auf der persönlichen Ebene wenigstens zwei Fragen auf: Was daran beschäftigt uns eigentlich und wie sehr hilft uns Unterstützung durch unsere soziale Umwelt beim Umgang damit?

Pandemiebedingte Karriereschocks

Wie Absolventinnen und Absolventen von Wirtschaftsstudien während der Lockdowns im Jahr 2020 den pandemiebedingten Karriereschock erlebt haben, zeigt Abbildung 20.

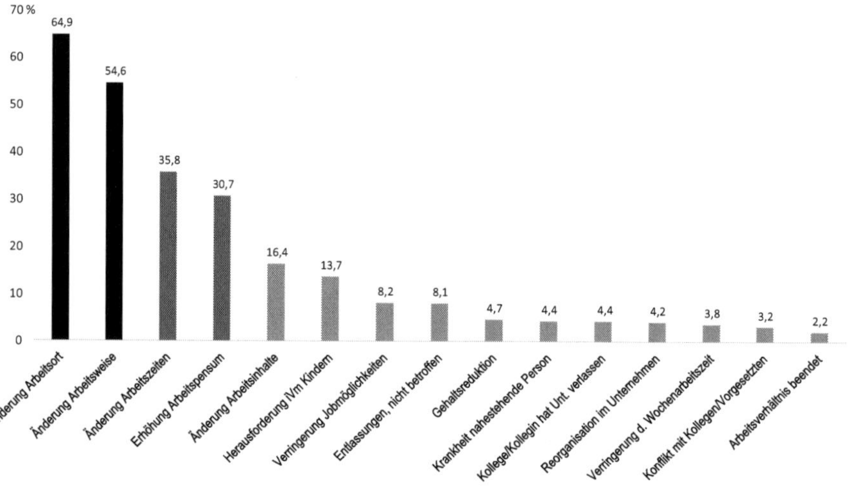

Abbildung 20: Konsequenzen des pandemiebedingten Karriereschocks (%) bei Managern und Professionals (ViCaPP)

Nicht ganz überraschend berichten fast zwei Drittel von einer Änderung ihres Arbeitsortes und mehr als die Hälfte von einer Änderung ihrer Arbeitsweise. Für etwa ein Drittel ging der Schock mit einer Änderung der Arbeitszeiten und einer Erhöhung des Arbeitspensums einher. Ein Sechstel erlebte pandemiebedingt eine Änderung der Arbeitsinhalte und ein Siebtel Herausforderungen mit den Kindern – dank Homeschooling als Draufgabe. Kaum betroffen waren unsere im Vergleich zu vielen anderen Erwerbstätigen etwas privilegierten Wirtschaftsakademikerinnen und -akademiker hingegen von einer Verringerung der externen Jobmöglichkeiten oder einem Jobverlust. Die Beschäftigungsfähigkeit und potenzielle Arbeitslosigkeit, die während der Finanz- und Wirtschaftskrise noch ein Thema war, ist es in der Corona-Krise für den Personenkreis der Hochqualifizierten offensichtlich kaum mehr.

Unterstützung durch das soziale Umfeld

Doch noch etwas ist jetzt anders. Durch die Corona-Krise kommt es zu Umwälzungen in Arbeitsprozessen, verbunden mit einer konkret greifbaren gesundheitlichen Bedrohung. In solchen Zeiten sind Angestellte besonders sensibel für organisationale Rahmenbedingungen und (in)adäquate Verhaltensweisen ihrer Arbeitgeber. Wer hier ein deutliches Manko sieht, sich allein gelassen fühlt und Alternativen auf dem Arbeitsmarkt hat, überlegt durchaus aktiv, den Job zu wechseln.

Uns hat daher interessiert: Wie wirken sich Karriereschocks, die von Betroffenen kognitiv und emotional entsprechend verarbeitet werden, auf die Bleibeabsicht aus? Welche Rolle spielt die erlebte Unterstützung durch Vorgesetzte und die Organisation? In unserer 5C-Studie mit Managern und Professionals aus dem DACH-Raum (siehe Anhang) zeigt sich eine positive Korrelation zwischen dem Ausmaß an erlebten Karriereschocks und ihrer Absicht, sich neu zu orientieren. Dieser Zusammenhang war aber bei jenen, die sich durch das Unternehmen und insbesondere durch ihre unmittelbaren Vorgesetzten gut unterstützt fühlten, deutlich geringer als bei jenen, die sich wenig unterstützt fühlten. Diesen Befund untermauert eine Studie, der zufolge sich Angestellte während pandemiebedingter Lockdowns von ihren Arbeitgebern häufigere Kommunikation, mehr Sorge um ihr Wohlergehen und Einfühlungsvermögen in ihre Situation gewünscht hätten.[111]

Zurück zum Wesentlichen

Neben den Auswirkungen auf die Einschätzung der eigenen Karrierekapitalien und der Rolle sozialer Unterstützung ist es in Krisen nicht ungewöhnlich, sich ganz grundsätzliche Fragen mit Blick auf einen selbst und die eigene Zukunft zu stellen. Wir kennen das aus unterschiedlichen Lebensbereichen und Karriere ist hier keine Ausnahme. Die Karriereforschung macht zwar darauf aufmerksam, dass Karriereschocks als disruptive, extern bedingte und schlecht kontrollierbare Ereignisse eine Reihe von Schwierigkeiten mit sich bringen. Da sie

[111] Daniels, Miller, Mian und Black 2022.

von Betroffenen auch als Schocks erlebt werden, betont sie aber auch, dass Karriereschocks bewusste und langfristig durchaus hilfreiche Reflexionsprozesse über Basisüberzeugungen, Ziele und erwünschte Rahmenbedingungen für die eigene Karriere auslösen können.[112]

Die große Kündigungswelle

Reflexionsaffinität von Krisen hilft, das seit dem Abklingen der ersten, besonders bedrohlich anmutenden Wellen der Pandemie in vielen Ländern sichtbar geänderte Verhältnis zu Arbeit zu verstehen. Einige Beispiele: Laut dem US-amerikanischen Job Openings and Labor Turnover Survey waren 2021 die Kündigungen durch Beschäftigte selbst so hoch wie noch nie seit der Jahrtausendwende, während die Anzahl der offenen Jobs deutlich höher war als die Anzahl von Neuanstellungen.[113] Einer Gallup-Umfrage zufolge hielten 2021 immerhin 48 Prozent der Angestellten in den USA Ausschau nach einem neuen Job.[114] Das Phänomen ist nicht auf die USA beschränkt, sondern ein weltweites. In China hatten Lieferanten eines großen amerikanischen Hard- und Softwareentwicklers Probleme, genügend Fabrikarbeiter für die Produktion eines neuen Mobiltelefon-Modells zu finden; im Vereinigten Königreich wuchs bis August 2021 der Mangel an Lkw-Fahrern auf 100.000 an; und eine weltweit von über 4.000 Arbeitgebern genutzte Online-Recruiting-Plattform berichtet über einen Anstieg an Jobangeboten um 35 Prozent, während die Zahl der Bewerbungen um 20 Prozent zurückging.[115] Das alles sind Indikatoren einer Entwicklung, die auch als „Great Resignation“ bezeichnet wird.[116]

Diese Entwicklungen haben mehrere Gründe. Teilweise sind die Betroffenen unzufrieden mit der Art, wie ihre Arbeitgeber in der Krise handeln. Es geht dabei etwa um die materielle Ausstattung zum Schutz vor Ansteckungen, aber auch um Frustration über im Homeoffice erlebte enge Überwachung und virtuelles Micromanagement, also die Einmischung von Vorgesetzten in alltägliche Arbeitsprozesse ihrer Mitarbeitenden. Dazu kommt die Enttäuschung

---

112 Akkermans, Seibert und Mol 2018.
113 U.S. Bureau of Labor Statistics 2021.
114 Gandhi und Robison 2021.
115 Hirsch 2021.
116 Dexter 2022.

über mangelnde Unterstützung bei der schwierigen Aufgabe, Arbeitsanforderungen mit Homeschooling in Einklang zu bringen.[117] Doch das Verhalten der Arbeitgeber während der Pandemie ist oft bloß der letzte Auslöser für eine tiefer gehende und bereits vorher bestehende Unzufriedenheit. Eine Studie zu den häufigsten Gründen für Kündigungen[118] stellt fest, dass eine schlechte Reaktion der Arbeitgeber auf die Herausforderungen der Pandemie zwar ein doppelt so wichtiger Treiber ist wie unzureichende Bezahlung. Doch zehn Mal so relevant ist eine toxische Unternehmenskultur, in der etwa Mitarbeitende respektlos behandelt werden oder unethisches Verhalten im Unternehmen um sich greift. Den zweitwichtigsten Faktor, auch noch fast vier Mal so wichtig wie schlechte Bezahlung, stellen Arbeitsplatzunsicherheit und fehlende Karrieremöglichkeiten dar. Immerhin noch drei Mal so wichtig wie das Gehalt sind die fehlende Anerkennung für Leistungen und eine subjektiv zu hohe Innovationsgeschwindigkeit des Unternehmens (Stichwort „Agilität"), da diese mit übermäßigen Überstunden, höherer geforderter Arbeitsgeschwindigkeit und großem Erfolgsdruck einhergeht. Beschäftigte leiden also unter dem Beschleunigungstaumel (siehe Kap. 4).

Der Sinn des Sinns

Aber es gibt noch eine zweite, tiefer reichende Gruppe von Gründen für Kurskorrekturen in der Karriereachterbahn. Menschen sind Sinnsuchende. Die Vielzahl an religiösen, philosophischen, politischen oder therapeutischen Heilsversprechen mit entsprechenden Angeboten ist dafür eindrucksvoller Beleg. Dabei suchen wir in zwei Richtungen. Retrospektiv, also in die Vergangenheit gerichtet, stellen wir die Frage nach dem „Warum?". Das soll uns helfen zu klären, warum wir stehen, wo wir stehen, weshalb passiert ist, was passiert ist und welche Gründe dafür wie wichtig waren. Damit hoffen wir, zu einer befriedigenden Erklärung unseres derzeitigen Zustands zu kommen. Prospektiv, auf die Zukunft gerichtet, ringen wir um das „Wozu?". Es richtet uns aus auf das, was wir für bedeutsam halten und wonach wir streben. Wenn wir das „Warum?" halbwegs zufriedenstellend beantworten und im „Wozu?" einen Nordstern für

117 Ksinan Jiskrova 2022.

118 Sull, Sull und Zweig 2022.

unser Leben finden, dann sind wir gut ausgestattet für ein Leben auch in turbulenten Umwelten und unter widrigen Umständen. Friedrich Nietzsche[119] hat das folgendermaßen auf den Punkt gebracht: „Hat man sein W a r u m? des Lebens, so verträgt man sich fast mit jedem W i e?“ Eine starke persönliche Vision oder die Teilhabe an einer kollektiven Mission – z. B. die Rettung der Welt vor dem klimabezogenen Untergang, das Abstreifen des Patriarchats, der wissenschaftliche Fortschritt, die klassenlose Gesellschaft oder die Rückkehr zu einem unterschiedlich vorgestellten Gott – sind dafür Beispiele. Entsprechend gibt es Stimmen, die den Hauptgrund für die große Kündigungswelle und das Nachdenken darüber, wie man in Zukunft arbeiten möchte, auch oder vor allem darin sehen, dass viele Menschen während der coronabedingten Lockdowns aufgrund der allerorts spürbaren Unsicherheit begannen, ihre Karriere und die Prioritäten, die sie in ihrem Leben setzen wollen, grundlegend zu hinterfragen und eine Kurskorrektur einzuleiten.[120] Die beobachteten Veränderungen von einer Reduktion der vertraglichen Arbeitsstunden über Jobwechsel bis hin zu Kündigung und einem gänzlichen Ausscheiden aus dem Arbeitsmarkt würden also vor allem in einer Sinnkrise wurzeln, die weiter verbreitet sein könnte, als uns bisher bewusst war. Manchen mag bewusst geworden sein, dass sie ihr bisheriger Job nicht mit Sinn und Freude erfüllt und sie ihre berufliche Energie eigentlich lieber woanders investieren wollen.[121]

In einer unserer eigenen Studien im Rahmen des 5C-Projekts (siehe Anhang) mit 792 Managern und Professionals aus dem DACH-Raum sind wir der Frage nachgegangen, welchen Effekt sinnstiftende Arbeit auf die Absicht hat, sich beruflich neu auszurichten. Dabei zeigt sich, dass vor allem jene, die ihre Arbeit als wenig sinnstiftend erleben, sich durch Karriereschocks zu einer solchen Veränderung veranlasst sehen. Diejenigen hingegen, die ihre Arbeit als sehr sinnstiftend erleben, lassen sich durch Karriereschocks kaum aus dem Gleichgewicht bringen. Einen Sinn in unserer eigenen Tätigkeit zu sehen ist also eine wichtige Ressource für uns, wenn unsere Arbeitsbedingungen belastend sind oder wir gar mit einer disruptiven Veränderung klarkommen müssen – es ist der Krisen-Resilienzfaktor schlechthin.

119 Nietzsche 1989.

120 Geisler 2021.

121 Tessema, Tesfom, Faircloth, Tesfagiorgis und Teckle 2022.

Was bleibt nun also von der Disruption, die die Pandemie in unserer Arbeitswelt und unserem Leben verursacht hat? Wir haben Manager und Professionals aus Deutschland, Österreich und der Schweiz 2021 nach der persönlichen Wichtigkeit verschiedener Karriereaspekte (vgl. 5C) gefragt. Auf der Skala von 1 bis 5 nehmen finanzielle Sicherheit (4,38) und Work-Life-Balance (4,33) die Spitzenpositionen ein, gefolgt von der Möglichkeit zu lernen und sich weiterzuentwickeln (4,14), positiven Arbeitsbeziehungen (4,02) und der Möglichkeit, durch die berufliche Tätigkeit einen Nutzen für andere stiften zu können („positiver Impact", 3,82). Finanzieller Erfolg (3,40) und Entrepreneurship (2,67) stehen am Ende der Rangliste.

Doch wie haben sich die Prioritäten unserer Befragten während der Pandemie verändert? Dabei ist zunächst einmal bemerkenswert, dass im Durchschnitt die Wichtigkeit aller abgefragten Karriereerfolgsdimensionen gestiegen ist (Abbildung 21). Viele Erwerbstätige haben also in der Krise gesteigerte Ansprüche an ihre Karriere. Besonders interessant ist der Anstieg bestimmter Dimensionen relativ zu anderen.

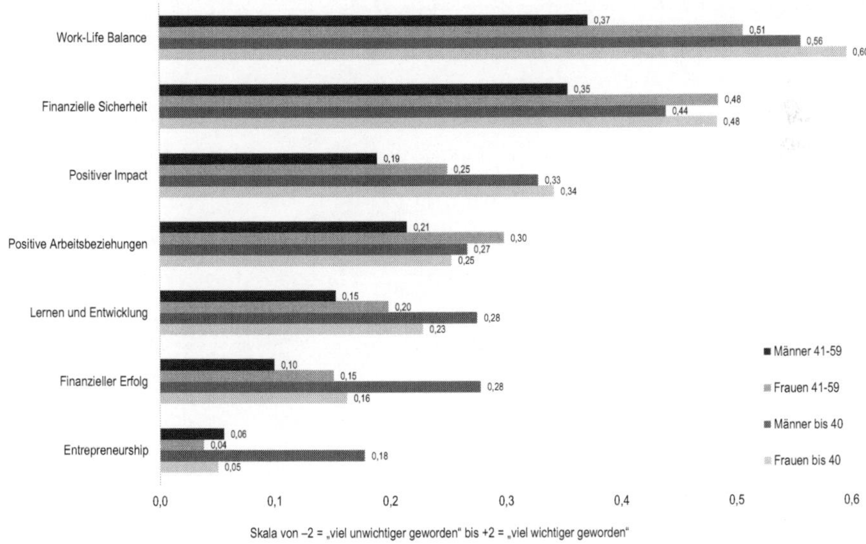

Abbildung 21: Veränderung der Wichtigkeit von Karriereerfolgsdimensionen gegenüber vor der Pandemie

Während bereits vor der Pandemie finanzielle Sicherheit und Work-Life-Balance als die beiden wichtigsten Aspekte genannt wurden, hat sich ihre Bedeutung nunmehr nochmals erhöht. In Anbetracht der mit der Krise einhergegangenen materiellen Unsicherheit und der gestiegenen Arbeits- und Mehrfachbelastungen ist das nachvollziehbar. Eine deutliche Aufwertung zeigt sich auch beim Bedürfnis, durch die berufliche Tätigkeit einen Nutzen für andere zu stiften (einen positiven Impact zu haben). Dieses Ergebnis steht im Einklang mit den Überlegungen, dass viele Menschen während der Corona-Krise begonnen haben, verstärkt über den Sinn ihrer Tätigkeit nachzudenken. Besonders ausgeprägt ist die Wichtigkeit und ihr Anstieg bei den jüngeren Erwerbstätigen. Möglicherweise lässt dies einen Blick in künftige Verschiebungen innerhalb unserer Karrierewelten zu, weg von einer Priorisierung der Erwerbsarbeit hin zu mehr Balance zwischen verschiedenen Lebensbereichen und hin zu stärker sinnstiftenden Aufgaben zum Wohle unserer Gesellschaft.

Resümee: Gefangen in der Polykrise?

Manche Forschende attestieren der Menschheit, sie befinde sich aufgrund der vielen eingangs beschriebenen Krisen in einer „Polykrise".[122] Was heißt das für Karrieren? Verursacht die Polykrise Poly-Karriereschocks? Wie könnten diese aussehen? Betrachten wir dazu drei „Top"-Krisen unserer Zeit.

Erstens sehen wir, dass wiederkehrende Wirtschaftskrisen zu einer Verschärfung der sozialen Ungleichheit führen. Sofern nationale Regierungen hier nicht gegensteuern, wird der Wohlstand für immer mehr Menschen sinken, da die Mittelschicht in neoliberalen Wirtschaftssystemen ausgedünnt wird. Wo Lebenszufriedenheit nicht (mehr) vorrangig durch in der Karriere erarbeiteten materiellen Wohlstand definiert werden kann, muss es zu einer Rückbesinnung auf intrinsische Werte kommen – Qualität statt Quantität, weniger Geld, dafür mehr Sinn. Das könnte für viele Branchen weitere Probleme bedeuten, offene Stellen zu besetzen. Andere Bereiche, welche die

[122] Homer-Dixon u. a. 2021.

Sinnfrage besser beantworten und Beschäftigten mehr Möglichkeiten geben, einen positiven Beitrag zur Gesellschaft zu leisten, könnten davon profitieren. Zweitens führt die Klimakrise zu neuen und mehr Jobs im Energiesektor und anderen mit dem Klimawandel verbundenen Branchen. Der zunehmende Verzicht auf klimaschädliches Reisen wird die Virtualisierung der Zusammenarbeit auf allen Ebenen weiter forcieren. Drittens hat uns die Covid-19-Pandemie (und weitere Pandemien könnten folgen) gezeigt, wie verwundbar wir durch die ausgeprägte internationale Arbeitsteilung sind. Mittelfristig könnten – auch durch die Klimakrise getrieben – viele Branchen und Produktionsprozesse in jene Länder zurückkehren, die Produkte derzeit vor allem günstig aus Billiglohnländern beziehen. Und zusammen mit der steigenden Lebenserwartung können künftige pandemische Ereignisse zu einer (materiellen und moralischen) Stärkung von Gesundheitsberufen führen. Insgesamt sind also Verschiebungen in vielen Branchen und Berufen zu erwarten, die letztlich für Karrieren Einschränkungen bedeuten oder neue Möglichkeiten eröffnen.

Wenn man Verfechtern des Konzepts der Polykrise glaubt, wird mittelfristig in unserem Leben und damit in unserer Arbeitswelt kaum ein Stein auf dem anderen bleiben – ein Karriereschock könnte den nächsten jagen. Doch wäre es wenig hilfreich, wenn wir darüber in Panik verfielen. Vielmehr gilt es, die Chance in jeder Krise zu erkennen und für die positive Gestaltung der Zukunft zu nutzen. So sagte etwa John F. Kennedy (1959) in einer Rede: *„When written in Chinese, the word ‚crisis' is composed of two characters – one represents danger, one represents opportunity"* und riet dazu, *„to recognize these challenges and to take advantage of these opportunities"*.[123]

[123] Zwar dürfte es sich bei der Bedeutung der zweiten Silbe um ein weit verbreitetes Missverständnis handeln, dem nicht nur JFK seinerzeit aufgesessen ist (des Chinesischen Fachkundige wie der Sinologe Victor H. Mair argumentieren, dass die beiden Silben eher für „Gefahr" und „Wendepunkt" stehen, vgl. z. B. hier: http://www.pinyin.info/chinese/crisis.html), doch sei hier mit dem Begriff „opportunity" dennoch bewusst auf den für den Kontext passenden potenziell positiven Charakter von Wendepunkten hingewiesen.

SCHNAPPSCHÜSSE AUS DER ACHTERBAHN: KRISEN UND KARRIERESCHOCKS

Krisen können den relativen Wert unserer Karrierekapitalien verändern: Ein kompetitiver Arbeitskontext wertet kooperative Karriereorientierungen ab, bisherige Indikatoren unseres Karriereerfolgs verlieren an Bedeutung, der ökonomische Kontext gewinnt an Bedeutung.

→ Wie stark lasse ich mich durch Meldungen über die Konjunkturentwicklung in meiner Einschätzung meiner Arbeitsmarktchancen beeinflussen?
→ Welche Schlussfolgerungen ziehe ich daraus?

Die Pandemie hat bei vielen von uns zu Karriereschocks geführt. Unterstützung durch die Organisation und die direkten Vorgesetzten kann die negativen Effekte abfedern.

→ Was für Karriereschocks habe ich in den letzten Jahren erlebt?
→ Wie viel Unterstützung habe ich von meinem beruflichen Umfeld erhalten und inwiefern hat mir diese geholfen?
→ Was könnte ich Organisationen als zentrale Schlüssel für eine bessere Unterstützung der Beschäftigten empfehlen?

Karriereschocks sind wie Stromausfälle in der Achterbahn. Sie zwingen uns innezuhalten und unsere Karriere zu reflektieren und können uns dazu veranlassen, Veränderungen herbeizuführen. In Krisen denken wir verstärkt über unsere grundlegenden Karriereorientierungen und über die Bedeutung der Arbeit für unser Leben nach.

→ Haben mich Karriereschocks dazu veranlasst, über meine Karriere(prioritäten) nachzudenken? Wenn ja, mit welchen Ergebnissen?
→ Welche Veränderungen habe ich daraufhin in meiner Karriere vorgenommen?
→ Wie zufrieden bin ich heute damit?

Sinnerleben in der Arbeit ist ein zentraler Resilienzfaktor zum Schutz vor negativen Folgen von Karriereschocks.

→ Was hilft mir, in meiner Arbeit Sinn zu erleben?
→ Was davon ist besonders wichtig, ja vielleicht unverzichtbar für mich?

Seit der jüngsten Krise wünschen sich viele Erwerbstätige mehr Work-Life-Balance und mehr Möglichkeiten, durch ihre Arbeit einen positiven Impact zu schaffen.

- Wie wichtig ist es mir, Arbeit und Privatleben in Balance zu halten?
- Wie gelingt mir das am besten?
- Wie wichtig ist mir ein positiver Impact?
- Wo erkenne ich einen positiven Impact in meiner Karriere?

Krisen bringen stets Disruptionen für das Leben im Allgemeinen und die Karriere im Speziellen mit sich. Ähnlich verhält es sich mit der Digitalisierung, die wir im nächsten Kapitel thematisieren.

Kapitel 11:

Ab in den Achterbahnsimulator? Digitalisierung der Karrierewelt

Felix Diefenhardt/Marco Rapp/Petra Eggenhofer-Rehart

Was haben die Berufe der Buchhalterin und der Rechtsanwältin gemeinsam? Laut aufsehenerregenden Studien könnten sie bald durch die rapide fortschreitende Automatisierung als Karriereoptionen wegfallen.[124] Fortschritte in den Bereichen der Robotik und der Künstlichen Intelligenz (KI) führen uns demnach ins „Zweite Maschinenzeitalter". Ähnlich wie während der Industriellen Revolution im 19. Jahrhundert stünden uns demnach tiefenwirksame technologische Entwicklungen bevor, im Extremfall einhergehend mit einer technologisch bedingten Massenarbeitslosigkeit. Dieses Zukunftsszenario wird unterschiedlich gedeutet. Optimistische Geister träumen von der Freisetzung eines großen Reservoirs an Freizeit, die wir für selbstbestimmte Tätigkeiten nutzen

[124] Frey und Osborne 2013.

könnten. Um deren Entlohnung müssten wir uns keine Gedanken machen: Die durch die Automatisierung gewonnenen Produktivitätszuwächse würden dank eines bedingungslosen Grundeinkommens allen zugutekommen.[125] Hingegen verweisen warnende Stimmen auf die Kosten von hoher Arbeitslosigkeit unter den Bedingungen einer kapitalistischen Arbeitsgesellschaft: Die Karriereachterbahn kommt ins Stocken, für manche fährt sie gar nicht mehr an. Gleichzeitig sinken die Kaufkraft der Bevölkerung und die Verhandlungsmacht der nunmehr obsoleten Arbeitnehmerinnen, während die Ungleichheit zunimmt.[126]

Nehmen uns Roboter die Jobs weg?

Schon zu Zeiten der Industrialisierung im 19. Jahrhundert träumten Gelehrte wie Andrew Ure von vollautomatisierten Fabriken.[127] Und auch die technologischen Fortschritte der Industrie nach dem Zweiten Weltkrieg, die den Begriff der „Automatisierung" erst hervorbrachte, waren begleitet von Ängsten vor und Hoffnungen auf eine Zukunft ohne Arbeit. Die heutigen Theorien zur Automatisierung sind sich dieser historischen Kontinuität bewusst, vertreten aber dennoch die These, dass es diesmal wirklich anders sei. Warum?

Vertreter der Automatisierungsthese verweisen auf das Beschleunigungsgesetz des Zukunftsforschers Ray Kurzweil, dem zufolge technologischer Fortschritt nicht linear, sondern exponentiell, d. h. entlang einer stetig steiler ansteigenden Kurve, verläuft. Positive Feedbackschleifen erhöhen die Geschwindigkeit des technologischen Fortschritts immer weiter, die Entwicklungspausen zwischen innovativen Durchbrüchen werden immer kürzer und die Möglichkeiten technologischer Systeme immer größer.

Diese Entwicklung hat uns wiederum von Maschinen für Routineaufgaben zu solchen geführt, die nichtlineare, nichtroutinierte Prozesse übernehmen können. Das gilt sowohl für manuelle als auch für primär kognitive und kommunikative Prozesse. Schauplatz der kommenden Automatisierungswelle sei daher der Dienstleistungssektor. Frühere Wellen führten zum Abbau von

---

125 Srnicek 2015.
126 Ford 2016.
127 Ure 1835.

Arbeitsplätzen in einem Sektor bei gleichzeitigem Aufbau von Arbeitsplätzen in einem anderen. Die Deindustrialisierung der Industrienationen ging etwa mit dem Ausbau des Dienstleistungssektors einher. Wenn aber die Automatisierung dieses Sektors die dortige Arbeitskraftnachfrage drückt, scheint es keine weitere Option für die neuen Arbeitslosen zu geben.

Seit einiger Zeit wird allerdings der Automatisierungsthese „Technodeterminismus" vorgeworfen: Sie würde in der Technologie eine gleichsam allmächtige Instanz sehen, die sich selbstständig weiterentwickelt. Technologische Entwicklungen werden oft als gänzlich von ihrem Kontext befreit betrachtet, und die Schlussfolgerungen zielen in erster Linie auf die technologische Machbarkeit ab. Beispielsweise verweist der Arbeitsmarktökonom Aaron Benanav auf den nicht beobachtbaren Zusammenhang zwischen dem aktuellen technologischen Fortschritt, dem globalen Phänomen der Unterbeschäftigung und der Produktivitätsentwicklung. Dem Automatisierungsnarrativ zufolge sollten technologische Entwicklungen ein Produktivitätswachstum verursachen, das wiederum zu einem Abbau von Arbeitsplätzen führt. Allerdings ist ein solches Produktivitätswachstum durch Fortschritte der Digitalisierung und Computerisierung der Wirtschaft bislang ausgeblieben. Wo Unterbeschäftigung herrscht, sei diese daher nicht primär technologisch, sondern durch wirtschaftliche Stagnation bedingt.[128] Letztere wiederum bietet keinen idealen Nährboden für die Entwicklung und die massenhafte Anwendung automatisierender Technologien: In einer kapitalistischen Ökonomie ist nicht die technologische Machbarkeit, sondern sind vor allem Profitabilitätserwartungen für Investitionsentscheidungen in automatisierte Systeme relevant.

Nicht ersetzt, sondern umstrukturiert

Der exponentielle Fortschritt technologischer Machbarkeit ist also noch kein stichhaltiges Argument für die Automatisierungsthese. Nur weil eine technologische Anwendung entwickelt werden kann, heißt das noch lange nicht, dass sie eingesetzt wird, um den Job eines Menschen zu übernehmen. Automatisierung ist in einer Marktwirtschaft kein Selbstzweck, sondern Mittel

[128] Benanav 2021.

zum Zweck der Gewinnerzielung. Ein wirtschaftlicher Kontext, der von Stagnation in Wachstum und Löhnen geprägt ist, ist wiederum nicht sonderlich attraktiv für kapitalintensive Investitionen in Technologien.

Bei der Frage nach von Automatisierung bedrohten Berufen spielen neben ökonomischen auch soziale und organisationale Kontextfaktoren eine Rolle. Berufe sind mehr als eine Reihe von Aufgaben mit unterschiedlichem Automatisierungspotenzial. Sie sind eingebettet in organisatorische und institutionelle Kontexte, die auch die Aufgabenprofile mitbeeinflussen. Je nach Arbeitgeber kann eine Stelle im Personalmanagement hauptsächlich Routineaufgaben beinhalten oder viel strategisches Denken und zwischenmenschliches Feingefühl erfordern. Im zweiten Szenario gestaltet sich eine Automatisierung wesentlich komplizierter. Unsere Aufgabenprofile und Arbeitsprozesse werden zwar durchaus von technologischen Entwicklungen beeinflusst – allerdings in einer kontextabhängigen, komplexen und nichtlinearen Weise.

Betrachten wir die Speerspitze unserer vermeintlich innovativsten digitalen Industrie: die Plattformökonomie. Plattformunternehmen bieten digitale Infrastrukturen zur Vernetzung von bestimmten Nutzergruppen, beispielsweise Anbietern und Kundinnen einer Dienstleistung, an. So verbindet das Plattformunternehmen Uber Personen, die einen Chauffeur suchen, mit potenziellen Fahrern. Bei Uber lässt sich eher eine Umstrukturierung als eine Ersetzung menschlich ausgeführter Arbeitsprozesse im Sinne der Konzerne beobachten. Das global agierende Taxiunternehmen hat sein Projekt zur Entwicklung eines selbstfahrenden Autos aufgegeben, um sich auf das Kerngeschäft zu konzentrieren, nämlich mithilfe des innovativen Geschäftsmodells der Plattformarbeit unter Nutzung digitaler Technologien Lohn- und Steuerkosten zu drücken. Amazon wiederum verlässt sich beim Management seiner Plattformen nicht bloß auf KIs und Algorithmen, sondern auch auf jede Menge menschlicher Arbeitskraft, sogenannte *Click-Worker*, die beispielsweise Daten aufarbeiten oder markieren.

Die Diskussionen rund um die Automatisierungsthese führen also zu einer ambivalenten Position. Technologische Machbarkeit bedeutet noch nicht automatisierenden Einsatz, und die Kontextfaktoren, von denen dieser Einsatz abhängig ist, scheinen ein Ende der Arbeitsgesellschaft nicht zu begünstigen. Dennoch haben die Umstrukturierungsprozesse Auswirkungen auf unsere Karrieren. So lässt sich beobachten, wie unsere Arbeit (a) zunehmend von Algorithmen organisiert und überwacht wird und sich (b) zeitlich wie (c) räumlich entgrenzt. Was diese drei Prozesse für unsere Karrieren bedeuten, soll nun beleuchtet werden.

Wie wirkt sich die Digitalisierung auf unsere Karrieren aus?

Dafür werden wir uns erneut die drei Brillen aus Kapitel 1 aufsetzen: die ontische, die räumliche und die temporale Brille. Sie sollen uns helfen, unseren Blick für die tatsächlich beobachtbaren Karrierekonsequenzen der Digitalisierung zu schärfen.

Ontische Brille: We are data!

Mein Profil und ich

Zuerst wollen wir uns dem Phänomen der Datafizierung und Algorithmisierung widmen. Welche Auswirkungen hat es, wenn Personen und ihr Berufs-, Beziehungs- und sonstiger Status durch digitale Medien und Algorithmen registriert werden? Zwei Technologien stehen hier im Mittelpunkt: digitale Plattformen und ihre Profile sowie *Machine-Learning*-Algorithmen.

Die *ontische* Brille lenkt unseren Blick auf die Zustände der Person, die Karriere macht, z. B. auf deren Persönlichkeit oder Reputation. Aus dieser Perspektive lässt sich das digitale Profil als eine Technologie zur Registrierung ontischer Zustände und Darstellung unserer Identität begreifen. Letztere passen wir dem Genre der Plattform an: Auf Facebook präsentieren wir uns anders als auf LinkedIn. Andere User können unserer Selbstdarstellung Anerkennung zukommen lassen, beispielsweise durch Likes. Dadurch wird das Profil zu einem Mittel der Konstruktion und Bestätigung der eigenen Identität. Unsere Bestätigung erhalten wir dabei nicht von einer konkreten In-Group, sondern von der generellen Plattformöffentlichkeit, und diese Bestätigung ist öffentlichkeitswirksam auf unserem Profil zu sehen. Wie dieses Profil signalisiert auch ein klassisches Empfehlungsschreiben Reputation. Das Profil tut dies allerdings in Form eines bloßen Zahlenwerts (beispielsweise die Anzahl der Likes oder Kontakte), das Empfehlungsschreiben hingegen durch Referenz auf eine identifizierbare Person (die Autorin des Empfehlungsschreibens).

Künftig werden Profile auf digitalen Plattformen unsere Karrierepfade stärker beeinflussen, intensive LinkedIn-Nutzung scheint positiv mit Karriereerfolg in Beziehung zu stehen.[129] Unternehmen wiederum sehen sich mit der wachsenden Relevanz von Arbeitgeberbewertungsplattformen wie Glassdoor oder Kununu konfrontiert. Auch hier werden Kennzahlen wie die Zufriedenheit der Angestellten zu einem wichtigen Indikator des ontischen Zustands eines Unternehmens, in diesem Fall seiner Reputation.

Anhand von Plattformen, die Arbeitsprozesse vermitteln, zeigt sich die Karriererelevanz des eigenen Profils noch weiter. Oder würden Sie in ein Taxi steigen, das mit einem von fünf Sternen bewertet ist? Die Freelance-Plattform *Upwork* verbindet freiberuflich Tätige mit potenzieller Kundschaft auf der ganzen Welt und verwendet algorithmisch ermittelte Skalen, die die für Freelancer so karriererelevante Reputation ausdrücken sollen. Diese basieren auf einer Kombination von Klienten-Feedback und anderer Daten, die die Plattform sammelt und algorithmisch verarbeitet. Die User haben dabei kaum Einsicht in diese Algorithmen.

Diskriminierung durch Daten

Ein weiteres Beispiel für die algorithmische Registrierung ontischer Zustände sind *Machine-Learning*-Algorithmen. Diese unterstützen etwa Personalentscheidungen auf Basis von Lebensläufen, indem sie auf Basis breiter Datensätze Muster erkennen, die sich mit guten Leistungen im Unternehmen korrelieren lassen. Dadurch sollen Personalauswahlprozesse effizienter werden. Außerdem ließen sich dadurch objektivere, weil datenfundierte Entscheidungen treffen, verglichen mit der verzerrten Wahrnehmung menschlicher – also fehlbarer – Entscheidender. Dieser Logik folgend entwickelte beispielsweise Amazon einen *Machine-Learning*-Algorithmus auf Basis der Lebensläufe der bestehenden Belegschaft, um unter Bewerbungen erfolgsversprechende Kandidatinnen und Kandidaten zu erkennen. Doch der scheinbar objektive Algorithmus wies eine klare Voreingenommenheit zum Nachteil weiblicher Bewerberinnen auf.[130] Wie konnte das passieren?

[129] Davis, Wolff, Forret und Sullivan 2020.

[130] Chun 2021.

Ein Großteil der IT-Mitarbeitenden, deren Lebensläufe die Grundlage für die Auswertungen bildeten, waren Männer. Der Algorithmus korrelierte daher manch männlich konnotierte Wörter wie bestimmte Freizeitaktivitäten mit guter Leistung. *Machine-Learning*-Algorithmen ermöglichen also nicht unbedingt „objektivere" datenbasierte Entscheidungen, sondern können auch bestehende diskriminierende Entscheidungsmuster automatisieren. Denn derartige Algorithmen sind „soziomorph", sie spiegeln die Gesellschaft wider, in der sie entwickelt werden.[131] So können sich strukturelle Ungleichheiten (siehe auch Kap. 8 und 9) durch Algorithmen zu Ungunsten bestimmter Personengruppen verfestigen.

Algorithmische Kompetenzen

Algorithmen werden also immer relevanter für unsere Karrieren. Zum einen haben sie das Potenzial, höchst komplexe Prozesse wie die Suche nach passenden freiberuflich Tätigen oder nach einem neuen Job in einer fremden Stadt zu vereinfachen. Zum anderen begegnen uns Algorithmen meist als vollkommen undurchsichtige Prozesse und tragen ein reales Diskriminierungspotenzial in sich. Doch wir sind den Algorithmen nicht so ausgeliefert, wie es zunächst scheint. Aktuelle Fallstudien zeigen, dass die potenziell von Diskriminierung Betroffenen auch Strategien entwickeln können, um dem Algorithmus ein Schnippchen zu schlagen und sich selbst eine vorteilhafte Position zu verschaffen. So lernen freiberuflich Tätige auf *Upwork* schnell, welches Verhalten vom Algorithmus wohlwollend interpretiert wird, somit ihr Profil auf der Plattform aufwertet und es ihnen in weiterer Folge ermöglicht, begehrte Projekte an Land zu ziehen.[132] Ein ähnliches Phänomen lässt sich bei der Personalauswahl beobachten: Jobinteressierte, die ihre Anschreiben an Unternehmen schicken, in denen Analysesoftware zur Vorauswahl eingesetzt wird, bestücken diese PDF-Dateien mit Schlagwörtern in weißer Schrift. Für das menschliche Auge sind sie nicht sichtbar, sehr wohl aber für einen Algorithmus, der diese Schlagwörter wohlwollend aus- und bewertet.

In beiden Fällen haben wir es mit Strategien zu tun, die auf algorithmischer Kompetenz beruhen, sprich der Fähigkeit, sich ein mentales Bild von

[131] Pasquinelli und Joler 2021.

[132] Jarrahi und Sutherland 2019.

der abstrakten Logik von Algorithmen zu machen, mit denen man interagiert. Zwar sind die Algorithmen oft so komplex, dass selbst Datenspezialistinnen und -spezialisten schnell den Überblick verlieren können, doch geht es bei der algorithmischen Kompetenz lediglich darum, ein grobes Verständnis von den Reaktionen des Algorithmus auf das eigene Verhalten in einer datafizierten Umwelt zu entwickeln.

Das Erlernen einer solchen algorithmischen Kompetenz kann in Zukunft auch neue Karriereoptionen eröffnen, wie die des *Analytics Translators*. Diese vermitteln zwischen Data-Scientists und anderen Abteilungen: Einerseits stellen sie sicher, dass Erstere für die Organisation sinn- und wertvolle Anwendungen programmieren, andererseits unterstützen sie die betroffenen Abteilungen dabei, die Outputs dieser Anwendungen zu interpretieren und zu nutzen. Solche Funktionen werden mit der zunehmenden Digitalisierung an Bedeutung gewinnen. Zwar kann sich nicht jede und jeder zum Data-Scientist ausbilden lassen, aber eine generelle algorithmische Kompetenz, gepaart mit Sozial- und Organisationskompetenz, befähigt nicht nur zu einem bewussten und cleveren Umgang mit den Algorithmen im zukünftigen Arbeitsalltag. Sie ermöglicht uns auch, wichtige Übersetzungsfunktionen in algorithmisierten Organisationen einzunehmen.

Räumliche Brille: Vom „Hier" zum „Überall"

Während *Analytics Translators* in vielen Branchen noch Zukunftsmusik sind, gibt es bereits branchenübergreifend spürbare Auswirkungen der Digitalisierung in anderen Bereichen, etwa wenn Zoom-Besprechungen vermehrt physische Meetings ersetzen. Schließlich haben die Pandemiejahre gezeigt, wie praktikabel das Homeoffice bzw. Telearbeit im Allgemeinen ist. Um zu verstehen, wie diese Aspekte der Digitalisierung unsere Karrieren beeinflussen, bietet sich daher ein Perspektivenwechsel auf die räumliche Brille an. Diese betrachtet Karrieren in einem sozialen und geografischen Raum, in dem sich Menschen und Organisationen bewegen (für eine Skizze des Modells siehe Kap. 1). Im Rahmen dieses Raums entfalten sich Karrieren, werden aber auch durch seine räumlichen Grenzen limitiert. Beginnend mit dem geografischen Raum werden wir genauer betrachten, wie die Digitalisierung die räumlichen Grenzen verschiebt.

Geografischer Raum

An der Telearbeit sehen wir, dass die Digitalisierung geografische Grenzen des Arbeitsplatzes überwinden kann. Während der Corona-Pandemie hat der Küchentisch vielerorts das Büro ersetzt. Dadurch gewann das Homeoffice für viele von uns zunächst an Popularität, während vor der Pandemie viele Organisationen zögerlich bei der Einführung von Telearbeit gewesen waren. Unsere Analyse der österreichischen Daten des CRANET-Netzwerks (siehe CRANET.at und Appendix), das seit 1989 die personalwirtschaftliche Praxis und ihre internationale Entwicklung untersucht, zeigt dies deutlich (Abbildung 22).[133] Aus der Sicht vieler Personalverantwortlicher soll das allerdings bloß eine temporäre Anpassung an die Pandemie sein: Ein Großteil der Arbeit soll nach deren Ende wieder am Arbeitsplatz stattfinden – meist gibt es Bedenken bezüglich der mangelnden Kontrolle über die Mitarbeitenden.[134]

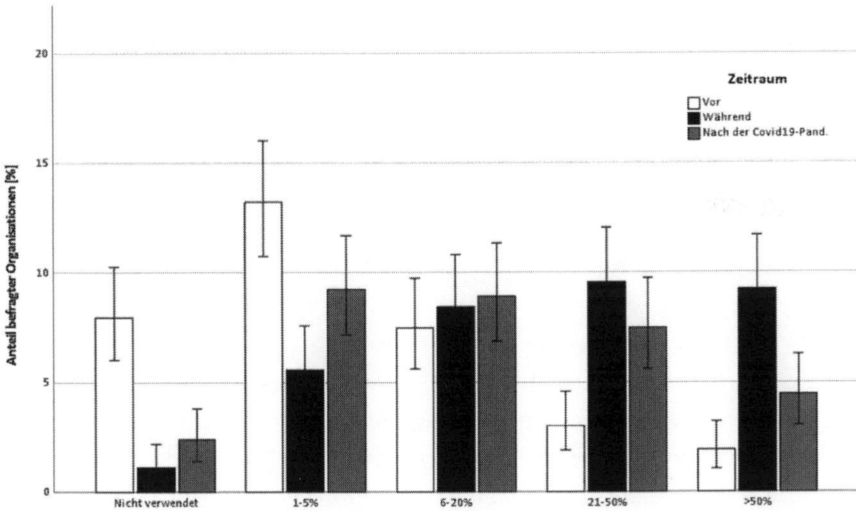

Abbildung 22: Nutzung von Telearbeit vor, während und prognostiziert nach der COVID-19 Pandemie (eigene Analyse der CRANET-Daten). Notiz: Die schwarzen Balken stellen die Schwankungsbreite der Schätzung (95% Konfidenzintervall) dar.

---

[133] Analysen für Deutschland, Dänemark und Slowenien kommen zu einem ähnlichen Ergebnis.

[134] Hill, Ferris und Märtinson 2003.

Diese Bedenken sind meist nicht gerechtfertigt, denn im Homeoffice steigt die Produktivität.[135] Auch die Arbeits- und Lebenszufriedenheit nimmt primär zu. Allerdings handelt es sich hierbei um einen umgekehrt U-förmigen Verlauf: Sowohl die Arbeits- als auch die Lebenszufriedenheit sinken bei denjenigen, die überwiegend oder gänzlich von zu Hause aus arbeiten.[136] Für den Karriereerfolg zeigt sich auch: Die Dosis macht das Gift. Ein stark überdurchschnittliches Ausmaß an Telearbeit wirkt sich negativ auf Beförderungen und Gehaltserhöhungen aus.[137]

Die Erklärung dafür bringt uns vom geografischen in den sozialen Raum. Dieser ist durch Normen und Werte gekennzeichnet. Da vor allem bei Wissensarbeit der Arbeitseifer schwer messbar ist, ziehen Führungskräfte meist Heuristiken (Daumenregeln) heran und machen das Arbeitsengagement der Mitarbeitenden am Ausmaß der Arbeit an Ort und Stelle fest. Das führt oft zu einer Präsenzkultur, inklusive Anwesenheit trotz Krankheit. Die Normen des sozialen Raums sind klar: Wer viel am Schreibtisch sitzt, arbeitet viel und fällt positiv auf, während Telearbeitenden unterstellt wird, ihrer Arbeit keine große Bedeutung beizumessen. Die Wissenschaft nennt diese meist substanzlose Unterstellung auch *„flexibility stigma"*.[138] Für die Stigmatisierten folgen daraus oft Karrierenachteile: Sie werden nicht für Beförderungen und Gehaltserhöhungen in Betracht gezogen. Die Pandemiejahre haben dieses Stigma zwar aufgeweicht, aber der in Abbildung 22 gezeigte Trend legt nahe, dass weiterhin lediglich partielle Telearbeit vorherrschen wird.

Unternehmen fragen sich zudem, wie sie die im deutschsprachigen Raum vergleichsweise hohen Personalkosten reduzieren können. Da die Digitalisierung den geografischen Raum an potenziellen Mitarbeitenden ausweitet und hiesige Jobsuchende international konkurrieren müssen, ist dies für Karrieren nicht unproblematisch, wenn etwa Softwareentwickler künftig vermehrt in Ländern mit geringeren Personalkosten sitzen.

---

135 Choudhury, Foroughi und Larson 2021.
136 Golden und Fromen 2011.
137 Golden und Eddleston 2020.
138 Williams, Blair-Loy und Berdahl 2013.

Sozialer Raum

Das Beispiel Homeoffice zeigt, wie die Digitalisierung auch den sozialen Raum (d. h. Normen und Werte) verändert. Während sich der geografische Raum durch Telearbeit erweitert, schrumpft oft der soziale Raum. Als Ergebnis fühlen sich Mitarbeitende sozial isoliert und identifizieren sich weniger mit dem Arbeitgeber,[139] da ihnen der direkte Kontakt mit anderen Mitarbeitenden fehlt. Auch unsere eigenen Analysen im Rahmen des 5C-Projekts (siehe Anhang) bestätigen dieses Bild. Interessant ist dabei, dass sich jüngere Personen während der Pandemie stärker sozial isoliert fühlten. Und während in Organisationen unter normalen Umständen auch über Abteilungsgrenzen hinweg (informell) kommuniziert wurde, beschränkte sich die Kommunikation während der Lockdownzeit meist auf die eigene Abteilung.[140] Trotz der Möglichkeit virtueller Meetings wurden viele Besprechungen nur durch asynchrone Kommunikation wie z. B. E-Mails ersetzt. Beides verlangsamt den Informationsfluss und beeinträchtigt die Arbeitsqualität. Zur Förderung der virtuellen Zusammenarbeit in und zwischen Teams sollten Organisationen und Mitarbeitende demnach einen virtuellen sozialen Raum für einen regelmäßigen informellen Austausch schaffen, sodass interpersonales Vertrauen entstehen und aufrechterhalten werden kann.[141]

In den neuen sozialen Räumen etablieren sich neue Normen, sei es das stumme Mikrofon auf Zoom oder die Erwartungshaltung, wie schnell auf E-Mails zu antworten ist, oder die Entscheidung, ob die Kamera in der virtuellen Besprechung nun doch ein- oder ausgeschaltet sein soll. Für unsere Karrieren bedeutet das, dass wir lernen müssen, uns in verschiedenen Arten sozialer Räume, sei es in Breakout-Rooms, auf den angesprochenen Karriereplattformen oder beim Geschäftsessen, adäquat zu bewegen, indem wir uns der jeweils herrschenden Normen bewusst werden und unser Handeln entsprechend anpassen.

[139] Van Zoonen und Sivunen 2022.

[140] Yang u. a. 2022.

[141] Gilson, Maynard, Jones Young, Vartiainen und Hakonen 2015.

Das Zusammenspiel der Räume

Es zeigt sich, dass die Digitalisierung unsere Karrieren hinsichtlich sozialer und geografischer Räume komplexer macht. Für unseren Karriereerfolg und zur Vermeidung sozialer Isolation gilt es, die richtige Balance zwischen der Arbeit im Büro und im Homeoffice zu finden.

Künftig werden Technologien wie *virtual* oder *augmented reality* die Möglichkeiten der Arbeits- und Karrierewelt und damit die Grenzen des geografischen Raums deutlich ausweiten. Zeitgleich eröffnen Technologien die Möglichkeit der Kontrolle über Mitarbeitende trotz physischer Abwesenheit. Sogenannte *Bossware* erlaubt durch Softwaretools Einblicke in die Produktivität, auch wenn Mitarbeitende nicht vor Ort sind,[142] und zeigen auf, ob die Arbeitszeit auch als solche genutzt wird.

Um noch mehr darüber zu erfahren, wie unsere Zeitgestaltung durch Digitalisierung beeinflusst wird, bietet sich abermals ein Brillenwechsel an – dieses Mal auf die zeitliche (temporale) Perspektive.

Temporale Brille: Für immer Homeoffice?

Homeoffice birgt also Vor- und Nachteile für Erwerbstätige und Unternehmen sowie Potenzial für Interessenskonflikte. Wir setzen uns mit der Perspektive der Arbeitnehmenden auseinander und besprechen Vorteile durch zeitliche Flexibilität sowie Herausforderungen infolge der zeitlichen Entgrenzung der Arbeit und wie diesen begegnet werden kann.

Vorteile der Digitalisierung

Neben dem Zuwachs an Bequemlichkeit durch diese Form der Arbeitsgestaltung ist die Zeitersparnis für viele Erwerbstätige nicht zu unterschätzen. So pendelten laut einer AK-Studie vor der Pandemie Erwerbstätige in Österreich durchschnittlich etwa 35 Kilometer pro Tag. Im Mittel blieb fast eine Stunde buchstäblich „auf der Strecke“ – Zeit, die sich für Besorgungen, die Familie, aber auch für einen selbst besser verwenden ließe. Von der reinen Zeitdauer abgesehen lassen sich viele alltägliche Tätigkeiten und Besor-

[142] Corbyn 2022.

gungen nur mit Mühe, wenn überhaupt, in das starre Zeitkorsett einer *„Nine-to-five"*-Arbeitswelt pressen: Die Zahnärztin ordiniert nur bis 17 Uhr, die Musikstunde der Tochter beginnt bereits um 15 Uhr, und den Sohn erst spätabends Vokabel abzuprüfen, ist für seinen Lernerfolg auch nicht förderlich. Da kommt das durch die Digitalisierung ermöglichte Homeoffice inklusive zeitlicher Flexibilität gerade recht. Es ermöglicht uns, unsere Arbeitsstunden bei Bedarf um unaufschiebbare Verpflichtungen herum zu bauen, sodass wir trotz durchgetaktetem Zeitplan noch den Bericht fertigschreiben können, sobald die Kinder schlafen, und als Zugabe auf der Couch vor dem Fernseher noch die letzten E-Mails des Tages lesen und beantworten können. Studien bestätigen, dass die zeitlich flexible Arbeitsgestaltung positive Auswirkungen auf die Zufriedenheit mit der Arbeit selbst und mit der erzielten Work-Life-Balance hat.[143]

Herausforderungen

Zeitliche Auswirkungen der Digitalisierung lassen sich aber auch in der Beschleunigung und Intensivierung von Arbeitsprozessen beobachten: Es wird mehr Arbeit geleistet als zuvor, und das oft in kürzerer Zeit. Häufig müssen mehrere Dinge gleichzeitig erledigt werden, Pausen werden gestrichen. Auf der Ebene des Arbeitsalltags erfordert das ein striktes Strukturieren und Planen von Arbeitsaktivitäten: Was schaffe ich morgen, was kann ich wie lange aufschieben? Das erhöht einerseits die Effektivität der Arbeit, andererseits bedeutet es mehr individuellen Planungsaufwand. Darüber hinaus verspüren wir den Druck, immer auf dem neuesten Stand zu bleiben, nicht nur was technologische Entwicklungen in unserem Arbeitsbereich betrifft. Diese Intensivierung karriereförderlicher Aktivitäten kann Stress verursachen, samt Unzufriedenheit, psychosomatischen Beschwerden und Burnout als Folgen.[144]

Die Flexibilisierung durch Technologie führt auch zu einer Extensivierung von Arbeit: E-Mails am Laptop, den man nach Hause mitnimmt, Anrufe von Vorgesetzten am Mobiltelefon, das überall dabei ist. Man ist stets

143 Dilmaghani 2021.

144 Mauno, Kubicek, Minkkinen und Korunka 2019.

erreichbar, schaltet – auch buchstäblich – nie ab. Nicht nur werden die Grenzen der vertraglich vereinbarten Arbeitszeiten innerhalb der Unternehmen überdehnt und ausgeweitet. Auch außerhalb der Unternehmen fühlen sich Angestellte dazu gedrängt, „freiwillig" weiterzuarbeiten, sei es spätabends oder am Wochenende. Verschärft wurde die Entgrenzung der Arbeitszeiten ab 2020 in den pandemiebedingten Lockdowns. So leisteten Managerinnen und Manager der mittleren und unteren Ebenen während dieser Zeiten im Schnitt zweieinhalb Überstunden am Tag und machten kürzere Mittagspausen, die Grenze zwischen Arbeit und Freizeit verschwamm zusehends. Die mögliche Anbahnung einer Art digitaler Präsenzkultur zeigt sich auch an Debatten, ob es eine Art halben Krankenstand für jene geben sollte, die nur leichte Krankheitssymptome haben und von zu Hause arbeiten könnten.

Wie unterschiedlich Arbeitsentgrenzung empfunden werden kann, zeigt eine aktuelle deutsche Studie, die die Einstellungen von Arbeitnehmenden zur Verfügbarkeit während der Freizeit untersucht.[145] Man fand drei verschiedene Typen: Die selten Verfügbaren, die „berechtigterweise" Verfügbaren und die „unberechtigterweise" Verfügbaren. Wer meint, sich berechtigterweise verfügbar halten zu müssen, wird tatsächlich häufiger zu Hause kontaktiert, nimmt wahr, dass Verfügbarkeit erwartet wird, und findet das meist in Ordnung und gar notwendig. Die Zufriedenheit mit der Work-Life-Balance ist aber geringer als bei der ersten Gruppe. Deutlich schlechter geht es den unberechtigterweise Verfügbaren. Diese meinen sehr häufig, von ihnen würde Verfügbarkeit außerhalb der Arbeit erwartet, und sie erachten das gleichzeitig für viel weniger angemessen als die zweite Gruppe. Erwarten Vorgesetzte stets rasche Reaktionen auf Anfragen, wirkt sich dies langfristig über emotionale Erschöpfung auf die Arbeits- und Lebenszufriedenheit aus.[146] Das veranlasst uns doch früher oder später, wieder klarere Grenzen zu ziehen, um unsere mentale und physische Gesundheit zu schützen.

---

145 Brauner, Wöhrmann und Michel 2021.

146 Gillet, Morin, Austin, Huyghebaert-Zouaghi und Fernet 2022.

Entgrenzung begrenzen

Welche Taktiken kann man verfolgen, um die Ent-grenzung wieder zu begrenzen? Eine aktuelle Studie findet drei Formen: Vermeidung, Ablenkung und Gegenschlag.[147] Sind wir Anhänger des Mottos „Was ich nicht weiß, macht mich nicht heiß", werden wir es mit einer prohibitiven Taktik – der Taktik des Vermeidens – versuchen. Wir planen dann gezielt technologiefreie Zeiten ein, in denen wir uns selbst den Zugang zu E-Mails verwehren und uns mit analogen Aktivitäten beschäftigen. Ebenso eine Möglichkeit: Wir zwingen uns, zu bestimmten Tageszeiten Geräte ganz einfach abzuschalten. Wenn wir hingegen mit inneren Spannungen gut umgehen können, werden wir es mit der reaktiven Taktik der Ablenkung versuchen. Wir reagieren auf eine Grenzüberschreitung durch andere Personen wie eine E-Mail am Wochenende vorerst einfach gar nicht, tun also erst einmal so, als hätten wir die E-Mail gar nicht erhalten (Ignorieren) und verschieben die Beantwortung auf den Montag (Aufschieben). Für Zeiten längerer Abwesenheit wird das allerdings nicht das Mittel der Wahl sein können. Deshalb ist eine andere Möglichkeit der Grenzen aufrechterhaltenden Reaktion die (automatische) Weiterleitung zu Kolleginnen und Kollegen, die sich unmittelbarer um das Anliegen kümmern können. Wenn wir es etwas wehrhafter mögen und eventuell die Einleitung eines echten Veränderungsprozesses in unserem Team im Sinn haben, bietet sich als eine dritte Taktik der Gegenschlag an: Wir weisen aktiv Grenzüberschreitungen und subtile Erwartungen anderer an unsere permanente Erreichbarkeit zurück. Eine extreme Spielart davon wäre die Überreaktion, etwa indem wir auf die um 1 Uhr nachts erhaltene E-Mail sofort reagieren, freilich nur um die unerhörte Grenzüberschreitung explizit aufzuzeigen und eine interne Debatte über die (Un-)Erwünschtheit solcher Verhaltensweisen zu provozieren.

Mit der zuletzt beschriebenen Taktik ist implizit ein weiteres Thema angesprochen: Welchen Einfluss hat die Unternehmenskultur auf den Respekt vor zeitlichen Grenzen, und welche Rolle kommt den Vorgesetzten zu? Denn der und die Einzelne hat das nicht allein in der Hand: Es ist schwieriger, die Trennung von Arbeit und Freizeit für sich selbst durchzusetzen, wenn es Teil

[147] Siegert und Löwstedt 2019.

der Unternehmenskultur ist, Arbeit regelmäßig mit nach Hause zu nehmen. Die Organisationskultur kann großen Druck auf das Verhalten der Mitglieder ausüben bzw. neutraler ausgedrückt hat sie eine wichtige Orientierungsfunktion. Eine besondere Rolle kommt dabei den Führungskräften zu. Angestellte, deren Führungskräfte sagen, dass sie kaum oder nicht zu Hause arbeiten, sehen ihre Vorgesetzten eher als Vorbilder für eine gute Work-Life-Balance. Dies wiederum motiviert Angestellte, auch selbst eine Trennung zwischen Arbeit und Freizeit vorzunehmen, was das Risiko für emotionale Erschöpfung vermindert und das Arbeitsengagement erhöht.[148]

Implikationen und Ausblick

Im Zuge eines Kapitels über Digitalisierung könnten noch viele Trendthemen diskutiert werden. Auch wenn die Digitalisierung weder ein Allheilmittel gegen wirtschaftliche Stagnation noch ein Schlüssel zu einer vollautomatisierten Zukunft ist, so sind ihre Auswirkungen doch überall merkbar. Wir haben in diesem Kapitel bewusst Schwerpunkte auf Basis unserer Fachgebiete gesetzt. Hier ein Ausblick:

Die Datafizierung unserer Lebens- und Arbeitswelten schreitet stetig voran. Die Algorithmen, die die dadurch entstehende Masse an Daten verarbeiten, gewinnen im Zuge dieses Prozesses an Bedeutung. Gleiches gilt für die Kompetenz, die ungefähre Logik von Algorithmen verstehen und vorhersehen zu können. Die Undurchsichtigkeit und das Diskriminierungspotenzial von algorithmischen Prozessen stellen eine große Herausforderung dar. Daher müssen auf betrieblicher und gesellschaftlicher Ebene Entwicklungs- sowie Implementierungsprozesse diskutiert und entwickelt werden, die algorithmische Fairness garantieren können.

Selbst wenn es manchen Vorgesetzten ein Dorn im Auge sein mag, scheint sich Telearbeit über die Pandemiejahre hinaus etabliert zu haben. Technologische Fortschritte wie *virtual* oder *augmented reality* werden das wahrscheinlich noch verstärken, auch wenn sie den analogen Kontakt nicht ersetzen können. Daher sollten sich Arbeitnehmende und Vorgesetzte gut überlegen,

---

[148] Koch und Binnewies 2015.

für welchen Zweck welches Format genutzt wird und ob der teilweise leidige Weg ins Büro nicht doch zwei- bis dreimal pro Woche sinnvoll wäre.

Die Zukunft der zeitlichen Entgrenzung der Arbeit scheint mit Blick auf gesellschaftliche Veränderungen und Prioritätensetzungen jüngerer Generationen ungewiss, zeigen doch Studien die steigende Sensibilität vor allem jüngerer Arbeitnehmender, und damit der Führungskräfte von morgen, für eine gesunde zeitliche Balance zwischen der Arbeit und anderen Lebensbereichen.[149] Auch in unseren Daten aus dem 5C-Projekt zeigt sich bezüglich Work-Life-Balance und Alter: je jünger, desto wichtiger. Das höhere Bedürfnis nach einer Begrenzung der Arbeitszeit könnte sogar so weit gehen, dass viele bereit sind, dafür auch auf Karriereoptionen zu verzichten, die mit diesem neueren Lebensentwurf nicht vereinbar wären. Mittel- bis langfristig könnte dies zu einem spürbaren Wandel der gängigen Arbeitsarrangements und Karrierewege führen.

Ein Blick durch unsere drei Perspektiven macht deutlich: Auch Karrieren werden von der Digitalisierung maßgeblich beeinflusst. Zeitgleich wird sich aber, für den Moment, auch nicht alles grundsätzlich ändern – oder zumindest nicht so schnell, wie das die Advokaten der Technik vermuten lassen würden.

SCHNAPPSCHÜSSE AUS DER KARRIEREACHTERBAHN: DIGITALISIERUNG DER KARRIEREWELT

Skepsis gegenüber dystopischen und utopischen Zukunftsvisionen angesichts der Digitalisierung: Solche Visionen einer vollautomatisierten Zukunft sind nicht neu, und die aktuellen Kontextfaktoren begünstigen eine solche Vision nicht gerade.

Algorithmen treffen vermehrt wichtige Entscheidungen auch bezüglich unserer Person. Sich dieser Prozesse und ihrer potenziellen Gefahren bewusst zu sein, ist eine zentrale Kompetenz in einer digitalisierten Arbeitswelt.

→ Welche Rolle haben digitale Profile und Plattformen in meiner bisherigen Karriere gespielt? Wie kann ich diese für meine weitere Karriere produktiv nutzen?

---

[149] Barhate und Dirani 2022.

Digitalisierung vergrößert deutlich die Räume, in denen sich unsere Karrieren entfalten. Vorteil: Arbeit auch außerhalb der Organisationstore. Nachteil: Überwiegende Virtualität führt zu Isolation und Karrierenachteilen.

→ Wie wird räumliche Flexibilität in meiner Organisation wahrgenommen? Wie nutze ich aktuell die räumliche Flexibilität?

Digitalisierung fördert zeitliche Flexibilität, effizientes Arbeiten und das Sammeln von Karrierekapital durch Online-Weiterbildung und -Netzwerken. Beschleunigung, Arbeitsintensivierung und zeitliche Entgrenzung können langfristige Probleme für unsere Gesundheit darstellen.

→ Wie profitiere ich in zeitlicher Hinsicht von der Digitalisierung?
→ Wie stellt mich die Digitalisierung in zeitlicher Hinsicht vor Herausforderungen? Wie gehe ich damit um? Erhalte ich dafür Unterstützung aus meinem beruflichen Umfeld?

Wie dieses und die vorherigen Kapitel zeigen, sind Karrieren mehrdimensional, prozessual und in sich verändernde soziale Kontexte eingebettet, und somit hoch komplex. Diese Komplexität wird in der unmittelbaren Zukunft nicht ab-, sondern, wenn wir an die Polykrisen denken, eher zunehmen. Unser abschließendes Kapitel soll nun dafür sorgen, dass wir aus dem inhaltlichen Ritt auf der Karriereachterbahn nicht nur Schwindelgefühle, sondern auch die tolle Aussicht von ganz oben mitnehmen. Daher fasst das Schlusskapitel die Kernbotschaften des Buches zusammen und verbindet sie mit einem Ausblick in die Zukunft der Karriere.

Kapitel 12:

Bitte alle aussteigen! Ein Resümee

Wolfgang Mayrhofer/Johannes Steyrer

Welche Faktoren beeinflussen unseren beruflichen Werdegang? Das war die Ausgangsfrage dieses Buches. An die Stelle von Meinungen, basierend auf Einzelerfahrungen und dem überstrapazierten Hausverstand, haben wir auf Basis fundierter theoretischer und empirischer Arbeiten aus den letzten Jahrzehnten Argumente dafür entwickelt, wie und warum bestimmte Faktoren unsere Karriere beeinflussen (oder auch nicht). Die Reise durch das Buch hatte drei Abschnitte.

Zunächst entstand ein Denkrahmen zur Charakterisierung von Karrieren. Die zeitliche, räumliche und ontische Perspektive helfen uns, Karriere umfassend in den Blick zu nehmen. Sie zeigt sich in ihrer objektiven und subjektiven Spielart, versehen mit entsprechenden Erfolgsindikatoren, v. a. Einkommen und Aufstieg sowie Karrierezufriedenheit, vor dem Hintergrund der sieben global validierten Karriereerfolgsdimensionen: Lernen und Entwicklung, Entrepreneurship, Work-Life-Balance, Positiver Impact, Positive Arbeitsbeziehungen, Finanzielle Sicherheit und Finanzieller Erfolg.

Auf dieser Basis gaben wir dann in mehrfacher Form eine erste Antwort auf die Ausgangsfrage. Die Anatomie von Karrieren macht zentrale Bezugspunkte von Karrieren deutlich: Positionen im begrenzten und von Grenzen durchzogenen sozialen und geografischen Raum, in dem sich Karrieretransitionen aneinanderreihen und so zu objektiven und subjektiven Karrieren werden, deren Erfolg wir dann multidimensional bewerten und die sich über die Zeit zu Karriereepisoden verdichten. Die Metapher der Achterbahn weist auf zentrale Merkmale und Erfolgsfaktoren von Karrieren hin: unsere Motivation, überhaupt einzusteigen, die Ausstattung mit mehr oder auch weniger robusten Magennerven, das begeistert-erschrockene, zum Teil höchst expressive Verhalten der Mitfahrenden usw. Die grundsätzlichen Themen sind damit angedeutet: Karrieren entstehen aus dem Zusammenwirken von Faktoren auf ganz unterschiedlichen Ebenen, die wir mehr oder weniger beeinflussen können. Das Zwiebelmodell illustriert dies für Karriere und Karriereerfolg mit den folgenden Ebenen: die Person, der Arbeitskontext, der Herkunftskontext, der gesellschaftliche und kulturelle Kontext und der globale Kontext spielen eine zentrale Rolle. Das auf der Metaanalyse fußende Erfolgsfaktorenmodell unterscheidet im Wechselspiel von „Person – Situation" und „beeinflussbar – nicht beeinflussbar" sechs Cluster von Einflussfaktoren: individuelles Potenzial, Leistungsverhalten, Gesellschaft, Karrierefeld, Relation und Interaktion. Diese Cluster sind je nach Karriereerfolgsindikator unterschiedlich bedeutsam.

Ein abschließender Schritt griff diese in relativ großer theoretischer und empirischer „Flughöhe" entwickelten Antworten auf und diskutierte in mehreren Kapiteln und größerer Detailgenauigkeit einzelne Faktoren und ihre Erfolgswirksamkeit sowie Veränderungen über die Zeit. Unter Verwendung verschiedener theoretischer Einsichten und empirischer Ergebnisse, insbesondere des Vienna Career Panel Project (ViCaPP), schauten wir uns sechs Faktoren detailliert an: Persönlichkeit, mikropolitisches Handeln, soziale Herkunft, Geschlecht, Krise und Digitalisierung.

Vor diesem Hintergrund sinnieren wir in diesem Schlusskapitel darüber, was wir generell über Erfolgswirkungen der Einflussfaktoren auf unseren beruflichen Werdegang sagen können, ob in Zukunft massive Veränderungen mit Blick auf Karrieren und ihre Einflussfaktoren anstehen und ob vor diesem Hintergrund Karriereplanung überhaupt Sinn macht.

Einflussfaktoren als schlichter Hebel?

Fünf Dinge zeigt dieses Buch jenseits der konkreten Ergebnisse sehr klar. Erstens: Karrieren entfalten sich nicht zufällig, sondern sind systematisch mit Erfolgsfaktoren verknüpft. Nicht, dass Zufall keine Rolle spielte. Aber bestimmte Faktoren wirken überzufällig stark.

Zweitens: Wir sind sowohl aktive Handelnde als auch Passagiere der Achterbahn. Auf der einen Seite existieren Karriereerfolgsfaktoren wie unser Leistungsverhalten, auf die wir großen Einfluss haben. Auf der anderen Seite spielen Aspekte wie Intelligenz, Arbeitsmarkt und Konjunktur oder Geschlecht eine wichtige Rolle. Diese sind unserer Einflussnahme weitgehend entzogen. Dazwischen liegen Faktoren wie etwa Mentoring. Solche Faktoren entwickeln sich erst im Zusammenspiel mit anderen und wir liefern dazu Beiträge, sie sind aber nicht unabhängig von situativen Faktoren. Damit schwimmen wir in einem Mix von „Allmacht und Ohnmacht".

Drittens: Es gibt keine Erfolgsgarantie. Auch wenn wir Bündel von Erfolgsfaktoren identifizieren können und wenigstens manche davon in unserer Einflusssphäre liegen, sind sie kein Erfolgsgarant. Was wir allerdings aktiv tun können: die Wahrscheinlichkeit eines positiven Effekts erhöhen. Aber es gibt weder Automatismus noch 1:1-Beziehung zwischen diesen Faktoren und einem entsprechenden Ergebnis. Das macht uns insbesondere skeptisch gegenüber handelsüblichen Erfolgsformeln für Karrieren, die Eindeutigkeit suggerieren und uns die Unberechenbarkeit der Konsequenzen des Karrierehandelns vergessen lassen möchten.

Viertens: Verständnis und Nutzung von Einflussfaktoren brauchen einen weiten Blick. Die identifizierten Einflussgrößen dürfen uns nicht den Blick auf deren Zusammenspiel – Stichwort z. B. Intersektionalität – und dynamische Kreisläufe verstellen. Das umso mehr, als – siehe unser Zwiebelmodell –

die Faktoren auf unterschiedlichen Ebenen sozialer Komplexität angesiedelt sind, die von der Einzelperson bis hin zum globalen Kontext reichen. Wer sich also mit Karriere, der eigenen oder der anderer Personen, beschäftigt, braucht einen weiten Horizont.

Fünftens: Ohne Ko-Evolution hüpfen wir zu kurz. Die hier verwendeten Studien haben praktisch ausschließlich die einzelne Person und ihren Berufsverlauf als Bezugspunkt. Das ist folgerichtig, ist die Person doch im Kern von Karrieren. Gleichzeitig gilt jedoch auch, dass die eigene Karriere unausweichlich an die Entwicklung anderer Personen, Gruppen und Organisationen gekoppelt ist. Manchmal ist diese Kopplung sehr eng, wie etwa im Fall von Trainerinnen im Fußball, die ihre Assistentinnen zur neuen Wirkungsstätte mitnehmen. Manchmal ist sie eher lose, wie etwa bei Mentorinnen und ihren Schützlingen. Aber stets gilt, dass Ko-Evolution potenziell eine erhebliche Rolle spielt. Daher empfiehlt sich eine Ausweitung unserer Erfolgsfaktorenbetrachtung auch auf Akteure im Umfeld.

Zukünftige Entwicklungen

Der dänischer Philosoph und Theologe Søren Kierkegaard macht uns darauf aufmerksam, dass wir unser Leben nur im Rückblick verstehen, es aber in die Zukunft gerichtet leben müssen.[150] Das gleiche gilt sinngemäß auch für Karrieren. Nun ist die Auseinandersetzung mit der Zukunft ein schwieriges Geschäft. Ein bekannter Sager macht das deutlich: Prognosen sind schwierig, besonders dann, wenn sie die Zukunft betreffen.[151] Wir sind keine Zukunftsforschenden und überlassen dieses Geschäft lieber denen, die dieses Handwerk zu verstehen glauben. Was wir allerdings tun können: ein paar wesentliche Entwicklungen aufzeigen, die bereits jetzt und auch in Zukunft unmittelbare und bedeutsame Auswirkungen auf Karrieren haben werden. Wir beschränken uns auf die allerwichtigsten und den deutschsprachigen Raum, da alles andere den Rahmen dieses Buches sprengen würden.

---

150 Kierkegaard 1960: 111.

151 Das wird im Volksmund ganz unterschiedlichen Personen wie Yogi Berra, Niels Bohr, Winston Churchill, Sam Goldwyn, Mark Twain oder Karl Valentin zugeschrieben, ist vermutlich aber erstmals in einer dänischen Parlamentsdebatte 1937/38 gefallen.

Demografie

Bis in die Mitte der 2030er-Jahre sinkt die Zahl der Erwerbstätigen in Österreich und Deutschland insgesamt deutlich und die neu in den Arbeitsmarkt eintretenden Kohorten schrumpfen. Umgekehrt steigt der Anteil älterer Menschen, die überwiegend nicht mehr am Arbeitsmarkt teilnehmen, stark an. Waren in Österreich im Jahr 2000 noch 142.260 Personen im Alter von 35 Jahren, sinkt diese Zahl im Jahr 2035 auf 113.125, also über 20% weniger. Gleichzeitig steigt der Anteil der über 65-Jährigen an der Gesamtbevölkerung in diesem Zeitraum von rd. 15% auf rd. 25%.[152] In Deutschland ergibt sich ein sehr ähnliches Bild. Den 1.450.000 Personen im Alter von 35 Jahren in 2000 stehen bei einem mittleren Berechnungsszenario 978.000 Personen im Jahre 2035 gegenüber. Das bedeutet einen Rückgang von rund einem Drittel. Der Anteil der über 67-Jährigen wächst dabei von 14% auf 25%.[153]

Eine der Konsequenzen ist der Wandel vom (Arbeitskraft-)Käufer- zum (Arbeitskraft-)Verkäufermarkt und die damit verbundenen Machtverschiebungen. Sehr viel stärker werden wir als diejenigen agieren können, die eine kostbare Ressource – unsere Arbeitskraft – anbieten. Das hat wenigstens zweierlei zur Folge: Zum einen steigen unsere individuellen Wahlmöglichkeiten. Zum anderen erhöht sich der Druck auf Organisationen, attraktive Bedingungen anbieten zu müssen. Ein Caveat: Auch wenn hier eine breitflächige Entwicklung zu vermuten ist, werden wohl nicht alle von dieser Entwicklung erfasst werden – aber doch deutlich mehr als bisher.

Neben der Zahl gehören auch die Merkmale von Personen zur demografischen Betrachtungsweise. Auch hier ist klar: Die Diversität der arbeitenden Menschen ist bereits jetzt erheblich und wird weiter steigen. Zwei Beispiele illustrieren das: In Deutschland sank zwischen 2011 und 2020 der Anteil der Bevölkerung ohne Migrationshintergrund von 81,5% auf 73,3%.[154] In Wien geben im Schuljahr 2020/21 fast zwei Drittel der Schü-

---

152 Statistik Austria, https://www.statistik.at/web_de/downloads/webkarto/bev_prognose_neu.

153 Statistisches Bundesamt (Destatis), https://service.destatis.de/bevoelkerungspyramide.

154 Statistische Ämter des Bundes und der Länder, https://www.statistischebibliothek.de/mir/receive/DEHeft_mods_00016556, abgerufen 24. Mai 2022.

lerinnen und Schüler (63,5%) in den Volksschulen eine nicht-deutsche Muttersprache an.[155]

Das hat Karrierekonsequenzen. Erstens: Internationalität ist mitten unter uns. Das macht Karrierekapitalien wie Fremdsprachenkompetenz, interkulturelle Kompetenz oder Ambiguitätstoleranz wichtiger, weil sie in zunehmendem Maße in „allen“ beruflichen Kontexten von Bedeutung sind. Auch für Organisationen ist das relevant. Interkulturelles Management, traditionell nur für international tätige Organisationen von Bedeutung, wird auch für rein lokal oder national operierende Einheiten wichtig. Zweitens: Kulturell gemischte Situationen werden deutlich häufiger. Das hat insbesondere im Hinblick auf die Kommunikation erhebliche Bedeutung und wirkt sich v. a. auf die Interaktionselemente aus dem Erfolgsfaktorenmodell erheblich aus, also etwa Mentoring, LMX-Beziehung oder Mikropolitik. Drittens: Bisher nachteilige demografische Merkmale können unter bestimmten Umständen zum Karrierevorteil werden. Ist es auf Grund eines neuen gesellschaftlichen Konsenses wünschenswert, Diversität im Hinblick auf wichtige Merkmalsdimensionen abzubilden, dann eröffnet das neue Chancen für viele bisher in bestimmten Bereichen diskriminierte Personen. Die Berücksichtigung von Frauen bei der Besetzung von Reportagen aus dem Fußball und von ethnischer Herkunft bei politischen Funktionen oder im Verkauf sind dafür Beispiele.

Disruptionsdichte

Viele der nach 1945 in Deutschland/West und Österreich Geborenen erlebten subjektiv eine historisch außergewöhnliche Mischung von wirtschaftlichem Wachstum, individuellem Wohlstand, demokratischer Mitbestimmung, politischer Stabilität sowie Frieden und Sicherheit. Spätestens ab der Jahrtausendwende hat sich das nach und nach geändert. Das Platzen der Dotcom-Blase und 9/11 Anfang der 2000er, die globale Finanzkrise 2008, die verstärkten Migrationsbewegungen von geflüchteten Menschen aus persönlich als aussichtslos erlebten Situationen nach Europa ab 2015, der Brexit

155 Statistik Austria, https://www.statistik.at/wcm/idc/idcplg?IdcService=GET_PDF_FILE&RevisionSelectionMethod=LatestReleased&dDocName=029650, abgerufen 24. Mai 2022.

2020, die Covid-19-Pandemie ab 2020 und der 2022 von Russland begonnene und durch Weißrussland unterstützte Angriffskrieg gegen die Ukraine markieren entscheidende Zäsuren. Sie machen die Fragilität der politischen Landschaft und Sicherheitsarchitektur deutlich, legen mit Blick auf globale Lieferketten und Arbeitsteilung offen, wie verwundbar unser weltweit eng gekoppeltes Wirtschaftssystem und wie mächtig der Durchgriff etablierter Institutionen bis in den privaten Bereich ist, und sie stellen in einem Ausmaß wie schon lange nicht mehr unsere Solidarität mit besonders schutzbedürftigen Mitmenschen auf zwischenmenschlicher, nationaler und internationaler Ebene auf die Probe. Fügen wir noch den erbitterten Kampf um die globale Hegemonie zwischen China und den USA oder das weltweite Ringen um Eindämmung der Klimaerwärmung dazu, dann werden wir wohl stärker zum historischen Normalzustand zurückkehren und uns auf eine höhere Dichte an Disruptionen einstellen müssen. Ein ungebrochenes Fortschreiben bekannter Verhaltensmuster ist kaum mehr möglich.

Für Karrieren steigt angesichts einer geringen Vorhersagbarkeit gepaart mit durchaus fundamentalen Umwälzungen zum einen die Bedeutung von Faktoren, die das flexible Reagieren auf und das adäquate Nutzen von Veränderungen ermöglichen. Beispiele dafür sind die eigenen Karrierekapitalien, Flexibilität und Offenheit für Neues, die unsere Employability erhöhen. Zum anderen gewinnen die Faktoren an Bedeutung, die uns bei geringer äußerer Sicherheit und Berechenbarkeit inneren Halt geben. Dazu zählen Persönlichkeitsmerkmale wie emotionale Stabilität genauso wie etwa familiäre und andere soziale Netzwerke sowie die Unterstützung, die wir in der Arbeit, etwa durch Mentoring, erhalten.

Nachhaltigkeit

Es war wohl der kurfürstliche sächsische Kammerrat und Oberberghauptmann Hannß Carl von Carlowitz (1645–1714), der angesichts einer damals die wirtschaftliche Entwicklung in Europa gefährdenden Holzknappheit und dem drohenden Raubbau in den Wäldern erstmals diesen Begriff prägte. Er riet, „eine sothane Conservation und Anbau des Holtzes anzustellen / daß es ein continuirliche beständige und nachhaltende Nutzung gebe".[156] Heute ist Nachhaltigkeit (auch: Sustainability) global ein zentrales Thema. Spätestens seit der von allen UNO-Mitgliedsstaaten verabschiedeten „2030 Agenda for Sustainable Development" und den 17 Sustainable Development Goals (SDGs) mit ihren 169 Unterzielen (targets) existiert ein weltweiter Bezugsrahmen. Hinter Nachhaltigkeit steht eine einfache Einsicht: Will man erneuerbare Ressourcen wie etwa Holz, Fisch, oder Wild in ihrem Bestand erhalten, dann darf man nicht mehr verbrauchen als nachkommt. In weiterer Entwicklung sprechen wir heute von drei Bereichen der Nachhaltigkeit: Soziales, Wirtschaftliches, Ökologisches.[157]

Nachhaltigkeit ist mittlerweile auch für Organisationen unterschiedlichster Art ein Thema. Unternehmen haben Nachhaltigkeitsbeauftragte und veröffentlichen Nachhaltigkeitsbilanzen mit Blick auf die sogenannte Triple Bottom Line von sozialen, wirtschaftlichen und ökologischen Aspekten; öffentliche Verwaltungen bekennen sich zu Nachhaltigkeit als Leitprinzip in ihrem Handeln, etwa in Bereichen wie Beschaffung, Mobilität, Gebäude oder Veranstaltungen;[158] Nichtstaatliche Organisationen (NGOs – Non-governmental Organisations) informieren über Missstände bei Abfallverarbeitung, Biodiversität, Energiegewinnung oder Massentourismus und versuchen diese zu bekämpfen.

Für Karrieren ist Nachhaltigkeit in mehrfacher Hinsicht von Bedeutung. Ganz unmittelbar ist sie ein Thema in der eigenen Karriere und im Karrieremanagement von Organisationen. Hier geht es etwa darum, über einen längeren Zeitraum hinweg zufrieden, gesund und produktiv zu sein und zu bleiben. Auch ist sie ein Kriterium von Jobsuchenden bei der Wahl ihrer Arbeitgeber.[159] Nachhaltigkeit beeinflusst aber auch den Kontext von Karrieren stark. Beispiele dafür reichen von Nachhaltigkeit als Teil der Überlegungen bei der Bildung internationaler Teams und ihrer Zusammenarbeit bis hin zu Karrieremöglichkeiten durch neu entstehende Arbeitsplätze, Organisationen und Industrien. Damit kommt einzelnen Größen aus dem Erfolgsfaktoren-

---

156 Carlowitz 1713.

157 Zur Begriffsentwicklung siehe z. B. Purvis, Mao und Robinson 2019.

158 S. z. B. das 2021 beschlossene Maßnahmenprogramm zur Nachhaltigkeit der deutschen Bundesregierung mit dem Titel „Nachhaltigkeit konkret im Verwaltungshandeln umsetzen".

159 De Vos und Van der Heijden 2015.

modell eine erhöhte Bedeutung zu. Die Nachhaltigkeit von Karrieren wird gefördert durch individuelle Faktoren für bessere Employability, gesteigerten Person-Umwelt-Fit, eine proaktive Karriereplanung und erhaltene organisationale Unterstützung.

Pläne sind wertlos, aber Planen ist unverzichtbar[160]

Viele von uns hegen den Wunsch nach aktiver Planung und Gestaltung ihrer beruflichen Laufbahn. Das führt direkt zu einer paraphrasierten Gretchenfrage: Nun sag, wie hast du's mit der Karriereplanung? Wem es bei Planung um detaillierte Vorwegnahme zukünftiger Zustände und stringente Umsetzung eigener Pläne geht: Hände weg! Allerdings für diejenigen, die Planung als Entwicklung breiter Möglichkeitsräume, Nachsinnen über eigene Präfenzen und grobe Orientierung ohne Drang zur Planerfüllung verstehen: unbedingt zugreifen!

Warum diese zweigeteilte Empfehlung? Erfahrungen im Coaching und das Wissen über Planungsprozesse zeigen deutlich, dass Karriereplanung vorteilhaft ist – aber nur, wenn wir ein paar Grundsätze beachten und Fallen vermeiden.

Erstens: *Karrierechancen laufen nicht ausgeschildert herum.* Ob das Jobangebot Sprungbrett oder Falle ist, die Beförderung Belohnung oder Danaergeschenk, der Verlust des Arbeitsplatzes Katastrophe oder Befreiung ist, ergibt sich nicht aus dem Faktum alleine. Erst der Vergleich mit einem Maßstab führt zur entsprechenden Bewertung. Und dieser Maßstab kommt ganz wesentlich aus Vorstellungen darüber, was ich wann in welchem Ausmaß und unter welchen Bedingungen beruflich erreichen möchte. Kurz: aus einem Karriereplan. Er sollte soweit Orientierung bieten, dass er eine erste Einordnung solcher Ereignisse erlaubt und wir nicht bei Null beginnen müssen.

Zweitens: *Zu-Fall ist besser als Zufall.* Wir haben Louis Pasteur mit seinem „Le hasard, d'ailleurs, favorise les esprits préparés" (Der Zufall begünstigt üb-

---

160 „In preparing for battle I have always found that plans are useless but planning is indispensable." Von Richard Nixon dem 34. Präsidenten der USA, Dwight D. Eisenhower, in den Mund gelegt (Knowles 2009).

rigens nur den vorbereiteten Geist)[161] bereits in Kapitel 3 bemüht. Zufall signalisiert: Es – was auch immer „es“ sein mag – passiert ohne unser Zutun. Zwar gibt es solche Konstellationen auch. Wer hätte etwa ernsthaft von sich behaupten können, den Fall des Eisernen Vorhangs und seine Konsequenzen in den 1990ern in seiner Karriereplanung berücksichtigt zu haben? Nutzen konnten das aber zuallererst nur die, die fachlich und persönlich bereit waren, diese Möglichkeit – den Zu-Fall, etwas, das uns zufällt – beim Schopf zu packen. Karriereplanung hilft, das uns Zufallende zu erkennen, einzuordnen, gegebenenfalls zu ergreifen und solche Zu-Fälle zu nutzen.

Drittens: *Pläne sind nicht zu ihrer Erfüllung da.* Vollständige Planerfüllung ist verdächtig. Entweder wurde bereits Erreichtes als „geplant“ ausgegeben oder allzu Leichtes angeführt. Alternativ walten hellseherische Fähigkeiten. Ersteres ist unbefriedigend, das Zweite unwahrscheinlich. Wer darauf beharrt, Karrierepläne 1:1 umsetzen zu wollen, wird angesichts der vielfältigen Unwägbarkeiten des Lebens unweigerlich enttäuscht. Haben wir allerdings unseren Nordstern definiert, der uns die grobe Richtung des erwünschten beruflichen Werdegangs weist, haben wir Antworten gefunden auf die wichtige Trias von „Was kann ich gut? Wofür brennt mein Herz? Was braucht die kleine und große Welt um mich herum?“ und sind wir bereit für einen absichtsvoll-absichtslosen Umgang mit Karriereplänen, dann können wir beruhigt einen Karriereplan erstellen – damit wir wissen, wovon wir abweichen.

Zu guter Letzt

Insgesamt, so glauben wir, können die hier formulierten Einsichten eine Inspiration für die eigene Lebenspraxis sein. Dabei bleibt es spannend zu sehen, wie sich unsere Karrieren zukünftig tatsächlich entfalten. Aber, so wusste es bereits der viel zu früh verstorbene deutsche Schriftsteller Michael Ende, das ist eine andere Geschichte und soll ein andermal erzählt werden.

[161] Pasteur 1933: 348.

Appendix

ViCaPP

Die Panelstudie (= **V**ienna **Ca**reer **P**anel **P**roject) beschäftigt sich in Form qualitativer und quantitativer Untersuchungen mit der beruflichen Entwicklung von Absolventinnen und Absolventen der Wirtschaftsuniversität Wien aus fünf Kohorten (Studienabschluss um 1970, 1990, 2000, 2010, 2021/22). Einerseits zielt ViCaPP auf die Untersuchung der Zusammenhänge zwischen individuellen Determinanten, Karrieresystemen und Berufsverläufen sowie individuellen Determinanten von Karriereaspirationen- und potenzialen ab. Andererseits analysiert das Projekt die Entwicklung von Karrieresystemen, die einer laufenden strukturell-organisatorischen Veränderung unterliegen, und vergleicht die Karriereverläufe der Befragten über die Kohorten hinweg. So werden zum Beispiel sowohl karrierebezogene Einstellungsdimensionen im Zeitverlauf und Divergenzen verschiedener Subgruppen als auch Bewältigungsstrategien bei Abwärtsmobilität, die Entwicklung von Berufsidentitäten oder die Bedeutung der sozialen Herkunft und des Geschlechts für Karrieren betrachtet. Nähere Informationen finden Interessierte auf https://www.wu.ac.at/vicapp.

5C

Das internationale Forschungsnetzwerk 5C (= **C**ross **C**ultural **C**ollaboration on **C**ontemporary **C**areers) widmet sich individuellen Konzeptualisierungen von Karriere, Karriereerfolg und Karriereübergängen in verschiedenen Kulturclustern, Generationen sowie Berufsgruppen. Aus mittlerweile rd. 35 Ländern bestehend, durchläuft 5C seit 2005 drei verschiedene empirische Forschungsphasen. In einer ersten Phase wurden auf Basis einer qualitativen Befragung dreier Berufsgruppen in 12 Ländern sieben Dimensionen subjektiver Karriereerfolgsdimensionen identifiziert und anschließend in einer groß angelegten quantitativen Untersuchung in 16 Ländern validiert. In einer zweiten Phase wurde eine quantitative Befragung von rd. 20.000 Berufstätigen in 30 Ländern mit Fokus auf Karriereorientierungen und deren Erfüllung sowie Zusammenhänge mit individuellen und organisationsbezogenen Faktoren durchgeführt. Die aktuelle dritte Phase untersucht in mehr als 35 Ländern die Auswirkungen der Digitalisierung und der pandemiebedingten Lockdowns auf Arbeitsprozesse und -strukturen, Wohlbefinden und Gesundheit, Karriereziele, -planung, -management und -entwicklung sowie die Priorisierung verschiedener Dimensionen von Karriereerfolg. Nähere Informationen finden sich auf der Website des Forschungsnetzwerkes: https://5c.careers.

CRANET

Die Forschungskooperation CRANET, ein Netzwerk aus Universitäten in mehr als 50 Ländern, setzt sich seit 1989 mit dem internationalen Vergleich von Personalmanagementpraktiken in privaten und öffentlichen Organisationen mit über 200 Mitarbeitenden auseinander. Auf der Datenbasis von mittlerweile circa 61.000 Organisationen liefert CRANET sowohl für Akademikerinnen und Akademiker, Praktikerinnen und Praktiker als auch für Regierungsstellen Ergebnisse zum Vergleich international bewährter Personalmanagementtrends und deren Entwicklung über die Zeit. Diese werden regelmäßig in Nachrichten, Fachpresse, wissenschaftlichen Zeitschriften und Büchern, Seminaren und Konferenzen als auch in der Lehre präsentiert und verarbeitet. Nähere Informationen finden sich auf der CRANET-Website: www.cranet.org und auf der österreichischen Seite: www.cranet.at.

Literaturverzeichnis

Aichholzer, J., Friesl, C., Hajdinjak, S. und Kritzinger, S. 2019. Quo vadis, Österreich?: Wertewandel zwischen 1990 und 2018. Wien: Czernin Verlag.

Akkermans, J., Seibert, S.E. und Mol, S.T. 2018. Tales of the unexpected: Integrating career shocks in the contemporary careers literature. SA Journal of Industrial Psychology, 44. Verfügbar unter https://sajip.co.za/index.php/sajip/article/view/1503. Zugegriffen am 2. Februar 2023.

Altzinger, W., Lamei, N., Rumplmaier, B. und Schneebaum, A. 2013. Intergenerationelle soziale Mobilität in Österreich. Statistische Nachrichten, 68 (1). STATISTIK AUSTRIA, Bundesanstalt Statistik Österreich: 48–62.

Archer, M.S. 1995. Realist Social Theory: The Morphogenetic Approach. Cambridge, UK: Cambridge University Press.

Backovic, L. 2022. Fast jeder zweite neue DAX-Vorstand ist weiblich: Was die Frauenquote bewirkt – und was nicht. Handelsblatt, Düsseldorf. Verfügbar unter https://www.handelsblatt.com/unternehmen/management/exklusive-auswertung-fast-jeder-zweite-neue-dax-vorstand-ist-weiblich-was-die-frauenquote-bewirkt-und-was-nicht/28037700.html. Zugegriffen am 2. Februar 2023; Zugriff nur mit Registrierung möglich.

Bandiera, O., Guiso, L., Prat, A. und Sadun, R. 2011. What Do CEOs Do? SSRN Scholarly Paper. Rochester, NY. Verfügbar unter https://papers.ssrn.com/abstract=1758445. Zugegriffen am 6. Mai 2022.

Barhate, B. und Dirani, K.M. 2022. Career aspirations of generation Z: a systematic literature review. European Journal of Training and Development, 46 (1/2): 139–157.

Bass, B.M. 1990. From transactional to transformational leadership: Learning to share the vision. Organizational Dynamics, 18 (3): 19–31.

Beck, U. 1986. Risikogesellschaft. Auf dem Weg in eine andere Moderne. Frankfurt.

Benanav, A. 2021. Automatisierung und die Zukunft der Arbeit. Frankfurt am Main: Suhrkamp.

Bischof-Köhler, D. 1990. Frau und Karriere in psychobiologischer Sicht. Zeitschrift für Arbeits-und Organisationspsychologie, 34: 17–27.

Böheim, R., Fink, M. und Zulehner, C. 2021. Die Entwicklung des Lohnunterschiedes zwischen Frauen und Männern in Österreich von 2005 bis 2019. Verfügbar unter https://www.wifo.ac.at/news/news_detail?j-cc-id=1614821557532&j-cc-node=news. Zugegriffen am 2. Februar 2023.

Böheim, R. und Judmayr, C. 2014. Chancengleichheit in Österreich – Bildungs- und Einkommenskorrelationen von Geschwistern. Materialien zu Wirtschaft und Gesellschaft. Vienna: Abteilung Wirtschaftswissenschaften und Statistik der Kammer für Arbeiter und Angestellte für Wien.

Bolino, M.C., Klotz, A.C. und Daniels, D. 2014. The impact of impression management over time. Journal of Managerial Psychology, 29 (3): 266–284.

Bourdieu, P. 1992a. Ökonomisches Kapital – Kulturelles Kapital – Soziales Kapital. In Die verborgenen Mechanismen der Macht, 49–75. Hamburg: VSA.

Bourdieu, P. 1992b. Die feinen Unterschiede. Kritik der gesellschaftlichen Urteilskraft. Bd. 5., übers. Aufl. Frankfurt a. M.: Suhrkamp.

Bourdieu, P. und Passeron, J.-C. 1997. Reproduction in education, society and culture. Thousand Oaks, CA: Sage.

Bourdieu, P. und Wacquant, L.J.D. 1996. Reflexive Anthropologie. Frankfurt a. Main: Suhrkamp.

Brands, R., Ertug, G., Fonti, F. und Tasselli, S. 2022. Theorizing Gender in Social Network Research: What We Do and What We Can Do Differently. Academy of Management Annals, 16 (2): 588–620.

Brauner, C., Wöhrmann, A.M. und Michel, A. 2021. Work availability types and well-being in Germany – a latent class analysis among a nationally representative sample. Work & Stress, 36: 251–273.

Briscoe, J.P., Hall, D.T. und Mayrhofer, W. 2012. Careers Around the world. Individual and Contextual perspectives. New York, London: Routledge.

Buber, M. 2008. Ich und Du. Stuttgart: Reclam.

Buchanan, D.A. 2008. You Stab My Back, I'll Stab Yours: Management Experience and Perceptions of Organization Political Behaviour. British Journal of Management, 19 (1): 49–64.

Carlowitz, H.C. von. 1713. Sylvicultura Oeconomica, Oder Haußwirthliche Nachricht und Naturmäßige Anweisung Zur Wilden Baum-Zucht. Leipzig: Braun. Verfügbar unter https://www.digitale-sammlungen.de/en/view/bsb10214444?page=,1. Zugegriffen am 2. Februar 2023.

Case, A. und Deaton, A. 2022. Tod aus Verzweiflung. Der Untergang der amerikanischen Arbeiterklasse und das Ende des amerikanischen Traums. Frankfurt: Plassen Verlag.

Charta der Vielfalt. 2021. Policy Paper – Die Dimension „soziale Herkunft" in der Arbeitswelt aus einer intersektionalen Perspektive. Charta der Vielfalt e. V. Verfügbar unter https://www.charta-der-vielfalt.de/fileadmin/user_upload/Studien_Publikationen_Charta/Policy_Paper_CIJ_Die_Dimension_soziale_Herkunft_in_der_Arbeitswelt.pdf. Zugegriffen am 2. Februar 2023.

Choudhury, P. (Raj), Foroughi, C. und Larson, B. 2021. Work-from-anywhere: The productivity effects of geographic flexibility. Strategic Management Journal, 42 (4): 655–683.

Chun, W.H.K. 2021. Discriminating Data Correlation, Neighborhoods, and the New Politics of Recognition. Cambridge: MIT Press.

Corbyn, Z. 2022. 'Bossware is coming for almost every worker': the software you might not realize is watching you. The Guardian, Abschn. Technology. Verfügbar unter https://www.theguardian.com/technology/2022/apr/27/remote-work-software-home-surveillance-computer-monitoring-pandemic. Zugegriffen am 2. Mai 2022.

Daniels, R.A., Miller, L.A., Mian, M.Z. und Black, S. 2022. One size does NOT fit all: Understanding differences in perceived organizational support during the COVID-19 pandemic. Business and Society Review, 127 (S1): 193–222.

Davis, J., Wolff, H.-G., Forret, M.L. und Sullivan, S.E. 2020. Networking via LinkedIn: An examination of usage and career benefits. Journal of Vocational Behavior, 118: 103396.

De Vos, A. und Van der Heijden, B.I.J.M. 2015. Handbook of research on sustainable careers. London: Edward Elgar.

Destatis. 2021. Anzahl der atyptischen Beschäftigten in Deutschland nach Erwerbsformen von 1999 bis 2020. Verfügbar unter https://de.statista.com/statistik/daten/studie/161608/umfrage/atypisch-beschaeftigte-in-deutschland-nach-erwerbsformen-seit-1999/. Zugegriffen am 2. Februar 2023.

Destatis. 2022. Frauen in Führungspositionen. Verfügbar unter https://www.destatis.de/DE/Themen/Arbeit/Arbeitsmarkt/Qualitaet-Arbeit/Dimension-1/frauen-fuehrungspositionen.html. Zugegriffen am 7. Juni 2022.

Dexter, M. 2022. Combat the GREAT RESIGNATION. HR Future, 2022 (1). Osgard Media: 50–51.

Dilmaghani, M. 2021. There is a time and a place for work: comparative evaluation of flexible work arrangements in Canada. International Journal of Manpower, 42 (1). Emerald Publishing Limited: 167–192.

Eagly, A.H. und Karau, S.J. 2002. Role congruity theory of prejudice toward female leaders. Psychological Review, 109 (3): 573–598.

Eckes, T. 2004. Geschlechterstereotype: Von Rollen, Identitäten und Vorurteilen. In Handbuch Frauen- und Geschlechterforschung. Theorie, Methoden, Empirie, herausgegeben von R. Becker und B. Kortendiek, 165–177. Wiesbaden: VS Verlag für Sozialwissenschaften.

Eggenhofer-Rehart, P.M., Latzke, M., Pernkopf, K., Zellhofer, D., Mayrhofer, W. und Steyrer, J. 2018. Refugees' career capital welcome? Afghan and Syrian refugee job seekers in Austria. Journal of Vocational Behavior, 105: 31–45.

Falk, S. und Huyer-May, B. 2011. Erfolgreich im Beruf. Bayerische Hochschulabsolventen fünf Jahre nach dem Studium. Studien zur Hochschulforschung 81. München: IHF.

Festinger, L. 1954. A theory of social comparison processes. Human Relations, 7: 117–140.

Fontana, E., Koellen, T. und Nuttavuthisit, K. 2022. The career goals, prospects, and trajectories of transgender persons. Vienna.

Ford, M. 2016. The rise of the robots: technology and the threat of mass unemployment. London: Oneworld.

Frey, C.B. und Osborne, M.A. 2013. The Future of Employment: How Susceptible are Jobs to Computerisation. Working Paper. Oxford: Oxford Martin Programme on Technology and Employment.

Gandhi, V. und Robison, J. 2021. The „Great Resignation“ is really the „Great Discontent“. Verfügbar unter https://www.gallup.com/workplace/351545/great-resignation-really-great-discontent.aspx. Zugegriffen am 2. Februar 2023.

Geisler, J. 2021. The Great Resignation: Reality or Myth? Healthcare Financial Management Magazine, 75: 44–45.

Giddens, A. 1990. The Consequences of Modernity. Stanford: Blackwell.

Gillet, N., Morin, A.J.S., Austin, S., Huyghebaert-Zouaghi, T. und Fernet, C. 2022. Supervisor expectations regarding work-related messages: their differential effects among remote and on-site workers. Leadership & Organization Development Journal, 43 (3): 501–514.

Gilson, L.L., Maynard, M.T., Jones Young, N.C., Vartiainen, M. und Hakonen, M. 2015. Virtual Teams Research: 10 Years, 10 Themes, and 10 Opportunities. Journal of Management, 41 (5). SAGE Publications Inc: 1313–1337.

Golden, T.D. und Eddleston, K.A. 2020. Is there a price telecommuters pay? Examining the relationship between telecommuting and objective career success. Journal of Vocational Behavior, 116: 103348.

Golden, T.D. und Fromen, A. 2011. Does it matter where your manager works? Comparing managerial work mode (traditional, telework, virtual) across subordinate work experiences and outcomes. Human Relations, 64 (11): 1451–1475.

Granovetter, M.S. 1973. The Strength of Weak Ties. American Journal of Sociology, 78 (6): 1360–1380.

Guadagno, R.E. und Cialdini, R.B. 2007. Gender differences in impression management in organizations: A qualitative review. Sex Roles: A Journal of Research, 56 (7–8): 483–494.

Gunz, H. und Mayrhofer, W. 2018. Rethinking Career Studies. Facilitating Conversation Across Boundaries with the Social Chronology Framework. Cambridge: Cambridge University Press.

Hammer, M. und Champy, J. 1993. Business Reengineering. Die Radikalkur für das Unternehmen. New York: Heyne.

Hartmann, M. 2009. Wer wird Manager? Soziale Schließung durch Bildungsabschlüsse und Herkunft im internationalen Vergleich. In Inklusion und Exklusion: Analysen zur Sozialstruktur und sozialen Ungleichheit, herausgegeben von R. Stichweh und P. Windolf, 71–84. Wiesbaden: Springer.

Haworth, C.M.A., Wright, M.J., Luciano, M., Martin, N.G., de Geus, E.J.C., van Beijsterveldt, C.E.M., Bartels, M., u. a. 2010. The heritability of general cognitive ability increases linearly from childhood to young adulthood. Molecular Psychiatry, 15 (11): 1112–1120.

Heidegger, M. 1967. Sein und Zeit. Tübingen: Niemeyer.
Heslin, P.A. 2003. Self- and other-referent criteria of career success. Journal of Career Assessment, 11: 262–282.
Heslin, P., Mayrhofer, W., Schiffinger, M., Eggenhofer-Rehart, P., Latzke, M., Reichel, A., Steyrer, J. und Zellhofer, D. 2019. Still Relevant? An Updated Meta-Analysis of Classic Career Success Predictors. Academy of Management Proceedings, 2019 (1). Academy of Management: 11541.
Higgins, C.A., Judge, T.A. und Ferris, G.R. 2003. Influence tactics and work outcomes: a meta-analysis. Journal of Organizational Behavior, 24 (1): 89–106.
Hill, E.J., Ferris, M. und Märtinson, V. 2003. Does it matter where you work? A comparison of how three work venues (traditional office, virtual office, and home office) influence aspects of work and personal/family life. Journal of Vocational Behavior, 63 (2). Special Issue on Technology and Careers: 220–241.
Hillmert, S. und Jacob, M. 2010. Selections and social selectivity on the academic track: A life-course analysis of educational attainment in Germany. Research in Social Stratification and Mobility, 28 (1): 59–76.
Hirsch, P.B. 2021. The Great Discontent. Journal of Business Strategy, 42 (6): 439–442.
Homer-Dixon, T., Renn, O., Rockstrom, J., Donges, J.F. und Janzwood, S. 2021. A Call for An International Research Program on the Risk of a Global Polycrisis. SSRN Electronic Journal. Verfügbar unter https://www.ssrn.com/abstract=4058592. Zugegriffen am 21. Juni 2022.
Hossiep, R. und Paschen, M. 1998. Das Bochumer Inventar zur berufsbezogenen Persönlichkeitsbeschreibung (BIP) Handanweisung. Göttingen: Hogrefe-Verlag für Psychologie.
Hymowitz, C. und Schellhardt, T.D. 1986. The glass ceiling: Why women can't seem to break the invisible barrier that blocks them from top jobs. The Wall Street Journal, March 24 (57, D1): D4–D5.
Iellatchitch, A., Mayrhofer, W. und Meyer, M. 2003. Career fields: A small step towards a grand career theory? International Journal of Human Resource Management, 14 (5): 728–750.
Inkson, K., Dries, N. und Arnold, J. 2015. Understanding careers. 2. Aufl. Los Angeles: Sage.

Jacobs, R.L. und McClelland, D.C. 1994. Moving up the corporate ladder: A longitudinal study of the leadership motive pattern and managerial success in women and men. Consulting Psychology Journal: Practice and Research, 46 (1). US: Educational Publishing Foundation: 32–41.

Jarrahi, M.H. und Sutherland, W. 2019. Algorithmic Management and Algorithmic Competencies: Understanding and Appropriating Algorithms in Gig Work. In Information in Contemporary Society: 14th International Conference, 2019 Proceedings, 587–590. Washington.

Judge, T.A. und Bretz, R.D. 1994. Political influence behavior and career success. Journal of Management, 20 (1): 43–65.

Judge, T.A., Erez, A., Bono, J.E. und Thoresen, C.J. 2002. Are measures of self-esteem, neuroticism, locus of control, and generalized self-efficacy indicators of a common core construct? Journal of Personality & Social Psychology, 83 (3): 693–710.

Kafka, F. 2008. Tagebücher: Band 3: 1914–1923. Gesammelte Werke in der Fassung der Handschrift (Taschenbuchausgabe). Fischer Taschenbuch Verlag.

Kanter, R.M. 1977. Men and Women of the Corporation. New York: Basic Books.

Kennedy, J.F. 1959. Papers of John F. Kennedy. Pre-Presidential Papers. Senate Files. Speeches and the Press. Speech Files, 1953–1960. United Negro College Fund, Indianapolis, Indiana, 12 April 1959. JFKSEN-0902-023. John F. Kennedy Presidential Library and Museum. Verfügbar unter https://www.jfklibrary.org/asset-viewer/archives/JFKSEN/0902/JFKSEN-0902-023. Zugegriffen am 2. Februar 2023.

Kierkegaard, S. 1960. The Diary of Soren Kierkegaard (edited by Peter P. Rohde). London: Peter Owen.

Knowles, E. 2009. Oxford dictionary of quotations. Oxford: Oxford University Press. Verfügbar unter http://0-www.oxfordreference.com.library.metmuseum.org/view/10.1093/acref/9780199237173.001.0001/acref-9780199237173. Zugegriffen am 11. Juni 2022.

Koch, A.R. und Binnewies, C. 2015. Setting a good example: Supervisors as work-life-friendly role models within the context of boundary management. Journal of Occupational Health Psychology, 20 (1): 82–92.

Koch, T. 2007. Immer nur die Frisur? Angela Merkel in den Medien. In Warum nicht gleich? Wie die Medien mit Frauen in der Politik umgehen, herausgegeben von C. Holtz-Bacha und N. König-Reiling, 144–166. Wiesbaden: VS Verlag für Sozialwissenschaften. Verfügbar unter https://doi.org/10.1007/978-3-531-90540-2. Zugegriffen am 27. Januar 2022.

Ksinan Jiskrova, G. 2022. Impact of COVID-19 pandemic on the workforce: from psychological distress to the Great Resignation. Journal of Epidemiology and Community Health, 76 (6): 525–526.

Latzke, M., Schneidhofer, T.M., Mayrhofer, W. und Pernkopf, K. 2019. Karriereforschung: Konzeptioneller Rahmen, zentrale Diskurse und neue Forschungsfelder. In Handbuch Karriere und Laufbahnmanagement, herausgegeben von S. Kauffeld und D. Spurk, 3–35. Berlin, Heidelberg: Springer. Verfügbar unter http://link.springer.com/10.1007/978-3-662-48750-1_41. Zugegriffen am 22. April 2020.

Lee, S., Han, S., Cheong, M., Kim, S.L. und Yun, S. 2017. How do I get my way? A meta-analytic review of research on influence tactics. The Leadership Quarterly, 28 (1): 210–228.

Lukács, G. 1920. Die Theorie des Romans Ein geschichtsphilosophischer Versuch über die Formen der großen Epik. Berlin: Paul Cassirer. Project Gutenberg, https://katalog.wu.ac.at/permalink/f/1lnoe4e/TN_cdi_gutenberg_primary_26972.

Malin, L. und Wise, R. 2018. Glass ceilings, glass escalators and revolving doors. In Sequence Analysis and Related Approaches: Innovative Methods and Applications, herausgegeben von G. Ritschard und M. Studer, 49–68. Springer.

Mauno, S., Kubicek, B., Minkkinen, J. und Korunka, C. 2019. Antecedents of intensified job demands: evidence from Austria. Employee Relations, 41 (4): 694–707.

Mayrhofer, W., Briscoe, J.P., Hall, D.T., Dickmann, M., Dries, N., Dysvik, A., Kaše, R., Parry, E. und Unite, J. 2016. Career success across the globe – Insights from the 5C project. Organizational Dynamics, 45 (2): 197–205.

McClelland, D.C. 1961. The achieving society. New York: Van Nostrand.

McClelland, D.C. und Boyatzis, R.E. 1982. Leadership motive pattern and long-term success in management. Journal of Applied Psychology, 67 (6): 737–743.

McCrae, R.R. und Costa, P.T. 1985. Comparison of EPI and psychoticism scales with measures of the five-factor model of personality. Personality and Individual Differences, 6 (5): 587–597.

McFadden, C. 2015. Lesbian, Gay, Bisexual, and Transgender Careers and Human Resource Development: A Systematic Literature Review. Human Resource Development Review, 14 (2): 125–162.

McFadden, C. 2020. Hiring discrimination against transgender job applicants–considerations when designing a study. International Journal of Manpower, 41 (6). Emerald Publishing Limited: 731–752.

Mills, C.W. 1956. The power elite. New York, NY: Oxford University Press.

Mintzberg, H. 1973. The nature of managerial work. New York: HarperCollins Publishers Inc.

Munyon, T.P., Summers, J.K., Thompson, K.M. und Ferris, G.R. 2015. Political skill and work outcomes: A theoretical extension, meta-analytic investigation, and agenda for the future. Personnel Psychology, 68 (1): 143–184.

Nagel, K. und Rudnicki, J. 2022. Gehaltsreport 2022. stepstone.de. Verfügbar unter https://www.stepstone.de/Gehaltsreport-2022. Zugegriffen am 6. Mai 2022.

Neckel, S. 1991. Status und Scham: Zur symbolischen Reproduktion sozialer Ungleichheit. Frankfurt am Main: Campus Verlag.

Ng, T.W.H., Eby, L.T., Sorensen, K.L. und Feldman, D.C. 2005. Predictors of Objective and Subjective Career Success: A Meta-Analysis. Personnel Psychology, 58: 367–408.

Ng, T.W.H. und Feldman, D.C. 2014. Subjective career success: A meta-analytic review. Journal of Vocational Behavior, 85 (2): 169–179.

Nietzsche, F. 1989. Götzen-Dämmerung: Sprüche und Pfeile. Leipzig: C.G. Naumann.

Pariser, E. 2011. The Filter Bubble: What the Internet Hiding from You. New York: Penguin Books.

Pasquinelli, M. und Joler, V. 2021. The Nooscope manifested: AI as instrument of knowledge extractivism. AI & SOCIETY, 36 (4): 1263–1280.

Pasteur, L. 1933. Oeuvres de Pasteur. Bd. 6: Maladies virulentes, virus-vaccins et prophylaxie de la rage. Paris: Masson. Verfügbar unter https://gallica.bnf.fr/ark:/12148/bpt6k6211139g. Zugegriffen am 28. Dezember 2022.

Plomin, R. und Deary, I.J. 2015. Genetics and intelligence differences: five special findings. Molecular Psychiatry, 20 (1): 98–108.
Porter, M.E. und Nohria, N. 2018. How CEOs Manage Time. Harvard Business Review, 96 (4): 42–51.
Purvis, B., Mao, Y. und Robinson, D. 2019. Three pillars of sustainability: in search of conceptual origins. Sustainability Science, 14 (3): 681–695.
Reiss, L.K. 2022. Career Agency in Intersecting Gender-Class Structures. In Academy of Management Annual Meeting Proceedings. Seattle.
Rousseau, D.M. 1996. Psychological contracts in organizations: understanding written and unwritten agreements. Thousand Oaks, CA: Sage.
Schneidhofer, T.M., Nöhammer, E., Kattenbach, R. und Latzke, M. 2021. Token men after thirty years of boundaryless careers – a SOEP study on the glass escalator in Germany. Düsseldorf.
Schneidhofer, T.M., Hofbauer, J. und Tatli, A. 2020. On the agency/structure debate in careers research: A bridge over troubled water. In The Routledge Companion to Career Studies, herausgegeben von H. Gunz, M.B. Lazarova und W. Mayrhofer, 59–74. Abingdon, Oxon; New York, NY: Routledge.
Schneidhofer, T.M., Schiffinger, M. und Mayrhofer, W. 2012. Still a man's world? The influence of gender and gender role type on income in two business school graduate cohorts over time. Equality, Diversity and Inclusion: An International Journal, 31 (1): 65–82.
Schnitzlein, D.D. 2014. How important is the family? Evidence from sibling correlations in permanent earnings in the USA, Germany, and Denmark. Journal of Population Economics, 27 (1): 69–89.
Schopenhauer, A. 1978. Preisschrift über die Freiheit des Willens. Hamburg: Meiner.
Schulze, G. 1992. Erlebnisgesellschaft: Kultursoziologie der Gegenwart. Frankfurt/New York: Campus.
Sennett, R. 2006. The Culture of the New Capitalism. New Haven: Yale University Press.
Siegert, S. und Löwstedt, J. 2019. Online boundary work tactics: an affordance perspective. New Technology, Work and Employment, 34 (1): 18–36.
Smith, A.N., Watkins, M.B., Burke, M.J., Christian, M.S., Smith, C.E., Hall, A. und Simms, S. 2013. Gendered Influence: A Gender Role Per-

spective on the Use and Effectiveness of Influence Tactics. Journal of Management, 39 (5). SAGE Publications Inc: 1156–1183.

Solow, R. 1987. We'd Better Watch Out. New York Times Book Review.

Srnicek, N. 2015. Inventing the Future: Postcapitalism and a World Without Work. London & New York: Verso Books.

Statistik Austria. 2021. Bevölkerung nach dem Bildungsstand. Verfügbar unter http://www.statistik.at/web_de/statistiken/menschen_und_gesellschaft/bevoelkerung/volkszaehlungen_registerzaehlungen_abgestimmte_erwerbsstatistik/bevoelkerung_nach_dem_bildungsstand/index.html. Zugegriffen am 9. Mai 2022.

Statistik der Bundesagentur für Arbeit. 2019. Blickpunkt Arbeitsmarkt – Akademikerinnen und Akademiker. Nürnberg.

Statistisches Bundesamt. 2022. Hochschulstatistische Kennzahlen. Text. Verfügbar unter https://www-genesis.destatis.de/genesis/online?operation=statistic&levelindex=0&levelid=1652081913599&code=21381#abreadcrumb. Zugegriffen am 9. Mai 2022.

Stern, I. und Westphal, J.D. 2010. Stealthy Footsteps to the Boardroom: Executives' Backgrounds, Sophisticated Interpersonal Influence Behavior, and Board Appointments. Administrative Science Quarterly, 55 (2): 278–319.

Steyrer, J., Mayrhofer, W. und Meyer, M. 2005. Karrieren. Eine Einführung. In macht?erfolg?reich?glücklich? Einflussfaktoren auf Karrieren, herausgegeben von W. Mayrhofer, M. Meyer und J. Steyrer, 12–24. Wien: Linde Verlag.

Stuth, S. 2021. Prekäre Beschäftigung und mögliche Ursachen. In Datenreport 2021 – Ein Sozialbericht für die Bundesrepublik Deutschland, 184–188. Bonn: Bundeszentrale für politische Bildung/bpb.

Sull, D., Sull, C. und Zweig, B. 2022. Toxic culture is driving the great resignation. MIT Sloan Management Review, 63 (2): 1–9.

Tessema, M.T., Tesfom, G., Faircloth, M.A., Tesfagiorgis, M. und Teckle, P. 2022. The "Great Resignation": Causes, Consequences, and Creative HR Management Strategies. Journal of Human Resource and Sustainability Studies, 10 (01): 161–178.

Todd, S.Y., Harris, K.J., Harris, R.B. und Wheeler, A.R. 2009. Career Success Implications of Political Skill. The Journal of Social Psychology, 149 (3): 279–304.

Ure, A. 1835. The Philosophy of Manufactures. London: Charles Knight.

U.S. Bureau of Labor Statistics. 2021. Job openings and labor turnover survey (JOLTS). Verfügbar unter https://www.bls.gov/jlt/. Zugegriffen am 2. Februar 2023.

Van Zoonen, W. und Sivunen, A.E. 2022. The impact of remote work and mediated communication frequency on isolation and psychological distress. European Journal of Work and Organizational Psychology, 31: 610–621.

von Lukács, G. 1916. Die Theorie des Romans: Ein geschichtsphilosophischer Versuch über die Formen der großen Epik. Zeitschrift für Ästhetik und allgemeines Kunstwissenschaft, 11: 225–271 und 390–431.

von Rosenstiel, L. 1988. Der Wandel von Wertorientierungen und seine Auswirkungen auf den Führungsnachwuchs und die betriebliche Pesonalpolitik. Der Wirtschaftsingenieur, 20 (1): 16–22.

Weegen, M. 2021. ISA – Informationssystem Studienwahl und Arbeitsmarkt – Wirtschaft und Recht. Verfügbar unter https://www.uni-due.de/isa/fg_wirtschaft_recht/wirtschaftswiss/wirtschaftswiss_hs_frm.htm. Zugegriffen am 9. Mai 2022.

Werner, E.E. 1993. Risk, resilience, and recovery: Perspectives from the Kauai Longitudinal Study. Development and Psychopathology, 5 (4): 503–515.

Williams, J.C., Blair-Loy, M. und Berdahl, J.L. 2013. Cultural Schemas, Social Class, and the Flexibility Stigma. Journal of Social Issues, 69 (2): 209–234.

Wirsching, A. 2009. Erwerbsbiographien und Privatheitsformen. Die Entstandardisierung von Lebensläufen. In Auf dem Weg in eine neue Moderne, herausgegeben von T. Raithel, A. Rödder, und A. Wirsching, 83–97. München.

Womack, J., Roos, D. und Jones, D. 1990. The Machine That Changed The World. London: Macmillan.

World Economic Forum. 2021. The Global Gender Gap Report. Verfügbar unter https://www.weforum.org/reports/global-gender-gap-report-2021. Zugegriffen am 2. Februar 2023.

Yamagata, S., Suzuki, A., Ando, J., Ono, Y., Kijima, N., Yoshimura, K., Ostendorf, F., u. a. 2006. Is the genetic structure of human personality universal? A cross-cultural twin study from North America, Europe, and Asia. Journal of Personality and Social Psychology, 90 (6). US: American Psychological Association: 987–998.

Yang, L., Holtz, D., Jaffe, S., Suri, S., Sinha, S., Weston, J., Joyce, C., u. a. 2022. The effects of remote work on collaboration among information workers. Nature Human Behaviour, 6 (1). Nature Publishing Group: 43–54.

Herausgeber und Autor:innen

Felix Diefenhardt, M.A. ist Universitätsassistent und PhD-Kandidat am Department für Management der Wirtschaftsuniversität Wien. Er forscht unter anderem zur Digitalisierung des Human Resource Managements und an den Schnittstellen der Sozial-, Medien- und Organisationstheorie.

Mag.ª rer.nat. Dr.in rer.soc.oec. Petra Eggenhofer-Rehart forscht und lehrt am Interdisziplinären Institut für verhaltenswissenschaftlich orientiertes Management der Wirtschaftsuniversität Wien mit den Arbeitsschwerpunkten Karriere (Aspirationen, Berufsverläufe, Karrieren benachteiligter Gruppen, sozioökonomischer Kontext von Karrieren), Human Resource Management, insbesondere Diskriminierung im Recruiting, Organizational Behavior.

Prof.(FH) Priv.Doz. Mag. Dr. Markus Latzke ist Studiengangsleiter „Betriebswirtschaft für das Gesundheitswesen" an der IMC FH Krems und forscht v.a. zu den Themen Organisationsentwicklung, Karrieren und Human Resource Management.

o.Univ.-Prof. Dr. Wolfgang Mayrhofer ist Professor für Management und Organizational Behavior an der Wirtschaftsuniversität Wien und forscht v.a. zu Human Resource Management und Karrieren im internationalen Vergleich. Er hat mehrere nationale und internationale Preise für seine wissenschaftlichen Arbeiten erhalten.

Marco Rapp, MSc (WU), MSc ist studierter Psychologe und Betriebswirt. Als Universitätsassistent am Interdisziplinären Institut für verhaltenswissenschaftlich orientiertes Management der Wirtschaftsuniversität Wien erforscht er den Einfluss von kontextuellen Rahmenbedingungen, wie beispielsweise Automatisierung und Algorithmitisierung, auf die Personalmanagementpraxis.

Dr.in Lea Katharina Reiss ist Universitätsassistentin Postdoc am Interdisziplinären Institut für verhaltenswissenschaftlich orientiertes Management an der Wirtschaftsuniversität Wien. Sie forscht zu sozialen Ungleichheiten in Organisationen und Gesellschaft aus queer feministischer Perspektive und beschäftigt sich insbesondere mit Fragen intersektionaler Solidarität.

Dr. Michael Schiffinger ist seit über 20 Jahren an der Wirtschaftsuniversität Wien am Interdisziplinären Institut für verhaltenswissenschaftlich orientiertes Management tätig, davon die letzten zehn Jahre als Senior Scientist mit Doppelzuordnung auch am Kompetenzzentrum für empirische Forschungsmethoden der WU.

Univ.-Prof. PD Dr. Thomas M. Schneidhofer ist Professor für Personalmanagement und Organisation an der Privatuniversität Schloss Seeburg und forscht v.a. zu machtspezifischen Aspekten von Karrieren, einschließlich Geschlecht. Er hat mehr als hundert internationale und nationale Veröffentlichungen durch Beiträge in Fach- und Praktiker:innenzeitschriften sowie auf Konferenzen und Tagungen.

ao. Univ.-Prof. Dr. Johannes Steyrer ist Professor an der Wirtschaftsuniversität Wien, leitet dort den MBA für Health Care Management und forscht zu den Themen Leadership, Karriereentwicklung und Überzeugungspsychologie. Er hat den Staatspreis für exzellente Lehre an Österreichs öffentlichen Universitäten (Ars Docendi) erhalten.

Dominik Zellhofer, PhD (WU) ist Research Associate am Interdisziplinären Institut für verhaltenswissenschaftlich orientiertes Management an der Wirtschaftsuniversität Wien und als Unternehmensberater und Lektor tätig. Er forscht zu Human Resource Management, Karrieren und Informationssicherheit sowie Richtlinien in Organisationen.

Stichwortverzeichnis